EUL VERLAG

Reihe: Marketing · Band 45

Herausgegeben von Prof. Dr. Heribert Gierl, Augsburg, Prof. Dr. Roland Helm, Jena, Prof. Dr. Frank Huber, Mainz, und Prof. Dr. Henrik Sattler, Hamburg

Prof. Dr. Frank Huber
Dr. Stefanie Regier
und Patrick Kissel

Kunden zu Fans machen

Markenloyalität in virtuellen Brand Communities

EUL VERLAG

Bibliografische Information der Deutschen Nationalbibliothek

Die Deutsche Nationalbibliothek verzeichnet diese Publikation in der Deutschen Nationalbibliografie; detaillierte bibliografische Daten sind im Internet über <http://dnb.d-nb.de> abrufbar.

ISBN 978-3-89936-852-9
1. Auflage Oktober 2009

JOSEF EUL VERLAG GmbH
Brandsberg 6
53797 Lohmar
Tel.: 0 22 05 / 90 10 6-6
Fax: 0 22 05 / 90 10 6-88
E-Mail: info@eul-verlag.de
http://www.eul-verlag.de

Bei der Herstellung unserer Bücher möchten wir die Umwelt schonen. Dieses Buch ist daher auf säurefreiem, 100% chlorfrei gebleichtem, alterungsbeständigem Papier nach DIN 6738 gedruckt.

Vorwort

In Zeiten hoher Wettbewerbsintensität werden zahlreiche Produkte und Dienstleistungen vom Verbraucher als substituierbar empfunden. Dies stellt das Marketing zahlreicher Unternehmen vor die Herausforderung, neue Konsumenten zu gewinnen und bestehende zu binden. Hinzu kommt, dass zahlreiche von den Unternehmen implementierte Kundenbindungsprogramme ihre gewünschte Wirkung nicht entfalten.

Die aktuelle Konsumentengeneration nimmt über das Medium Internet immer mehr Einfluss auf die Markenführung. Im Internet bilden sich Meinungen, Präferenzen, Kritiken und Vorschläge zu Produkten und Dienstleistungen in einer immer stärker werdenden Dynamik. Die Verbraucher entwickeln sich von passiven Empfängern zu Mitwirkenden – es bilden sich sog. „Brand Communities" besonders loyaler und leidenschaftlicher Konsumenten, deren Einfluss für andere Verbraucher bedeutend ist. Zwar suchen große Markenartikler längst die Interaktion mit den Konsumenten im Internet, der Austausch der Verbraucher findet jedoch fast immer auf öffentlichen Kommunikationsplattformen statt, die von den Unternehmen vollständig losgelöst existieren.

Das vorliegende Werk beschreibt Funktionsweisen der Brand Communities und beleuchtet die Relevanz dieser Gruppierungen für die Unternehmen. Aus den gewonnenen Ergebnissen werden konkrete Empfehlungen zur Gestaltung von Marketingaktivitäten abgeleitet, die besonders geeignet sind, die Markengemeinschaften im Internet für Unternehmenszwecke zu nutzen.

Mainz und Nürnberg im September 2009

Frank Huber
Stefanie Regier
Patrick Kissel

Inhaltsverzeichnis

Abbildungsverzeichnis

Tabellenverzeichnis

Abkürzungsverzeichnis

Abb.	Abbildung
allg.	allgemein
BC	Brand Community
bspw.	beispielsweise
bzgl.	bezüglich
bzw.	beziehungsweise
c. p.	ceteris paribus
DEV	durchschnittlich erfasste Varianz
d. h.	das heißt
et al.	et alii (und andere)
f.	folgende Seite
ff.	fortfolgende Seiten
H	Hypothese
Hrsg.	Herausgeber
i. d. R.	in der Regel
Kap.	Kapitel
KQM	Kleinst-Quadrat-Methode
LISREL	Linear Structural Relations
MMN	Multidimensional Measuring of Neighboring
CI	Neighboring Cohesion Index
Nr.	Nummer
o. ä.	oder ähnliches
PLS	Partial Least Squares
PSOC	Psychological Sense of Community
S.	Seite
SCI	Sense of Community Index
SIT	Soziale Identitätstheorie
SOC	Sense of Community

SPSS	Statistical Package for the Social Science
Tab.	Tabelle
TPB	Theory of Planned Behavior
TRA	Theory of Reasoned Action
u. a.	unter anderem
VC	Virtual Community
Vgl.	Vergleiche
VIF	Variance Inflation Factor
Vol.	Volume
WWW	World Wide Web
z. B.	zum Beispiel

1. Zur Relevanz von Brand Communities im Markenmanagement

> "...it's clear something else is in the air: Consumers are changing how they view and even relate to brands. They remain purchasers of products, true, but through the power of the Internet and as a result of cultural and demographic shifts, many consumers now actively form larger communities around their favourite brands. Creating this new sense of belonging is what the most successful marketers are striving for..."[1]

Erfolgreiches Beziehungsmarketing ist heute angesichts stagnierender oder gar rückläufiger Nachfrage sowie zunehmender Wettbewerbsintensität in zahlreichen Märkten zu einer schwierigen Aufgabe geworden. Zur Einsicht, dass das Anwerben immer neuer Kunden mit höherem ökonomischen Aufwand verbunden ist, als langfristige Kundenbeziehungen zu etablieren, ist man schon seit geraumer Zeit gelangt.[2] Somit stellt sich die Frage nach Instrumenten, um die langfristige Bindung des Kundenstamms vor dem Hintergrund des zunehmenden Wunsches der Konsumenten nach Abwechslung und der wachsenden Angebotsvielfalt auf den Märkten sicherzustellen.

Die in dieser Studie untersuchten Brand Communities haben das Potenzial, entscheidend zur Loyalität der Kunden beizutragen. Konsumorientierte Gemeinschaften wurden 1995 erstmals unter dem Schlagwort „tribal marketing" in einer Studie *Schoutens* und *McAlexanders* thematisiert.[3] In der Folge entwickelten insbesondere *McAlexander et al.* sowie *Muniz* und *O'Guinn* das Konzept der Brand Communities.[4] Dabei flossen Erkenntnisse *Fourniers* ein, die ein neues Licht auf die Beziehungen zwischen den Konsumenten und ihrer

[1] Dowling (2005), S. 1.
[2] Vgl. bspw. Kotler (1992), S. 50 ff.
[3] Vgl. Schouten/McAlexander (1995).
[4] Vgl. zur Konsument-Marke-Beziehung: Fournier (1998); Muniz/O'Guinn (2001); McAlexander et al. (2002).

Marke werfen. Der Konsument ist demnach nicht mehr isoliert aufzufassen, sondern agiert vielmehr in einem Beziehungsgeflecht von Konsumenten, die sowohl untereinander als auch mit dem Anbieter interagieren.[5]

Brand Communities bilden sich in der Praxis vorwiegend um starke und attraktive Marken (z. B. Jeep, Harley-Davidson, Apple) und werden als nicht-geografisch gebundene Gemeinschaften leidenschaftlicher Konsumenten, denen die Beziehung zu anderen Mitgliedern ebenso wichtig ist wie diejenige zur Marke verstanden.[6] Sie charakterisieren sich dadurch, dass sie über ein Gefühl der Gemeinsamkeit, Rituale und Traditionen sowie über eine moralische Verpflichtung gegenüber den anderen Mitgliedern verfügen. Brand Community-Mitglieder gelten demzufolge als überdurchschnittlich loyal und betreiben intensive Mund-zu-Mund-Propaganda.[7] Weiterhin sammeln sich zahlreiche stark vernetzte Meinungsführer (lead user) in Brand Communities, die innerhalb der Community respektiert werden und neue Trends frühzeitig zu erkennen vermögen.[8] Die rasante Entwicklung des Internets in den 90er Jahren ermöglichte neue Dimensionen der Konsumentengemeinschaften, da Online-Communities ortsunabhängige und asynchrone Kommunikation sowie nahezu beliebige Größen ermöglichen. *Muniz* und *O'Guinn* postulieren: „most of the rethinking of community has to do with the rise of mass media."[9] Über 40 Millionen in virtuellen Communities organisierte Internetuser stellen ein im Vergleich zu herkömmlichen „face-to-face" Gemeinschaften gewaltiges Potenzial für den Markenführer dar.[10]

Vor diesem Hintergrund sind Brand Communities sowohl für die Marketingforschung als auch für Brand Manager von Interesse, da sie neue Erkenntnisse

---

[5] Vgl. Fournier (1998), S. 366.
[6] Vgl. Muniz/O'Guinn (2001), S. 412.
[7] Vgl. Muniz/Schau (2005), S. 738.
[8] Vgl. Kroeber-Riel/Weinberg (2003), S. 518.
[9] Muniz/O'Guinn (2001), S. 413.
[10] Vgl. Kozinets (1999), S. 253.

zu Schlüsselfaktoren wie z. B. Markenloyalität, Weiterempfehlungen sowie Meinungsführerschaft ermöglichen und Implikationen für erfolgversprechende Marketingstrategien erlauben. Trotz der steigenden Popularität des Brand Community-Konzepts wurde das Thema in der Literatur bislang noch nicht ausreichend empirisch und theoretisch fundiert behandelt. Insbesondere zu virtuellen Brand Communities wurden bislang nur wenige Studien veröffentlicht.[11] Der Fokus dieser Untersuchung liegt demzufolge auf dem Phänomen der virtuellen Brand Communities und ihrem Beitrag zur Loyalität. Ziel ist es, die angesprochenen Forschungslücken zu schließen und Handlungsempfehlungen für die Praxis abzuleiten. Die empirische Untersuchung wird dabei im Bereich der Computertechnologie und Unterhaltungselektronik anhand der Marke *Apple* vorgenommen.

Zu diesem Zweck steht in Kapitel 2 zunächst die Entwicklung sowie das Wesen der Brand Communities im Mittelpunkt des Interesses. Dem schließt sich eine Erörterung der Relevanz der Markenloyalität aus Unternehmenssicht an. In diesem Zusammenhang erfolgt außerdem die Konzeptualisierung des Begriffes Markenloyalität. Kapitel 3 dient anschließend der Erarbeitung einstellungstheoretischer und verhaltenswissenschaftlicher Grundlagen zur Erklärung der Zielgröße in Brand Communities an. Vor diesem Hintergrund werden antezedente Größen identifiziert und Ursache-Wirkungszusammenhänge abgeleitet. Diese bilden anschließend das Kausalmodell. In Kapitel 4 stehen zunächst die Wahl des Untersuchungsobjektes sowie methodische Grundlagen zur Modellschätzung im Mittelpunkt. Daran schließt sich die empirische Überprüfung des Markenloyalitätsmodells an. Abschließend werden aus den Untersuchungsergebnissen konkrete Handlungsempfehlungen für die Forschung und das Markenmanagement abgeleitet. Zusammenfassend stellt sich der Aufbau der Untersuchung wie folgt dar:

[11] In einigen Studien, die Online-Communities untersuchten, begegnen sich die Mitglieder auch „face-to-face“, sodass Effekte, die bspw. aus der Anonymität der Mitglieder herrühren, vollständig aufgehoben werden.

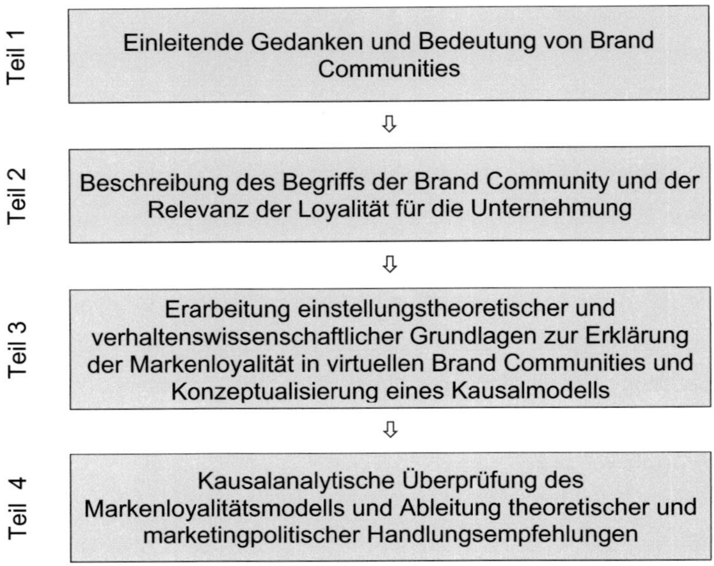

Tab. 01: Schematische Darstellung der Struktur der Untersuchung

2. Konzeptionelle Grundlagen der Brand Community-Studie

2.1 Communities

2.1.1 Gruppe und Gemeinschaft

Viele Jahre hinweg war die Wissenschaft bei der Interpretation des menschlichen Verhaltens in zwei Lager aufgeteilt: Einerseits die Befürworter des Ansatzes, für die sich das Handeln ausschließlich aus dem Individuum heraus erklärt. Die entgegengesetzte Auffassung leitet das menschliche Verhalten aus seiner sozialen Umwelt ab, wobei heute erwiesen ist, dass beide Strömungen ihre Berechtigung haben.[12] Innerhalb eines bestimmten Beziehungsgefüges nimmt jedes Individuum einen Platz ein. Aus den Akteuren wird aber erst in dem Moment eine Gruppe, in dem unter ihnen soziale Beziehungen entstehen.[13] Eine Gruppe kann demzufolge definiert werden als eine Anzahl von Personen, die in wiederholten und nicht zufälligen wechselseitigen Beziehungen zueinander stehen.[14]

Die Beziehungen innerhalb einer Gruppe können kognitiver (bspw. die gegenseitige Wahrnehmung der Mitglieder) oder affektiver Natur sein (gefühlsmäßige Bindung zwischen den Mitgliedern, auch Gruppenemotionen). Weiterhin können sie auch lediglich aus beobachtbaren Verhaltensbeziehungen bestehen. Diese Beziehungen führen zu einer sozialen Kooperation, die in den folgenden Merkmalen einer Gruppe zum Ausdruck kommt:[15]

- Eine Gruppe hat eine eigene *Identität*, d. h., sie wird von den Mitgliedern und von Außenstehenden als soziale Einheit aufgefasst.
- Es besteht eine *soziale Ordnung*, die den Mitgliedern Positionen und Rollen innerhalb der Gruppe zuweist.

---

[12] Vgl. Nieschlag et al. (2002), S. 619.
[13] Vgl. Kroeber-Riel/Weinberg (2003), S. 443.
[14] Vgl. Bottomore (1987), S. 94 ff.
[15] Vgl. Kroeber-Riel/Weinberg (2003), S. 444.

- Es bestehen *Verhaltensnormen*, die das Verhalten der Mitglieder bestimmen und bei Nichtbeachtung ggf. auch negative Konsequenzen nach sich ziehen.
- Schließlich bestimmen vom einzelnen Mitglied als verbindlich wahrgenommene *Ziele und Werte* das Handeln in einer Gruppe.

Im Zusammenhang mit der Klassifizierung von Gruppen ist das Konzept der Bezugsgruppe besonders hervorzuheben. Hierunter werden Gruppen verstanden, nach denen sich das Individuum richtet, denn diese determinieren die Art und Weise, nach der das Individuum sich selbst wahrnimmt und beurteilt.[16] Bezugsgruppen können informell strukturiert sein – bspw. ein Freundeskreis – oder einen formelleren Charakter aufweisen, etwa ein Sportverein, der über feste Strukturen und eine Führung verfügt. Bezugs- oder Referenzgruppen übernehmen grundsätzlich zweierlei Funktionen: Eine normative, bei der die Bezugsgruppen Meinungs- und Verhaltensnormen determinieren, und eine komparative, bei der die Werte und Normen der Bezugsgruppe als vergleichende Grundlage der Selbsteinschätzung dienen.[17] Auf weitere Einteilungen in Primär-/Sekundärgruppen sowie Groß-/Kleingruppen wird an dieser Stelle verzichtet, da diese in der vorliegenden Studie keine Anwendung finden.

Im historischen soziologischen Verständnis wird die Gesellschaft als Gegenstück zur Gemeinschaft gesehen.[18] Eine bedeutende Untersuchung über den grundsätzlichen Unterschied zwischen Gesellschaft und Gemeinschaft stammt vom deutschen Soziologen *Tönnies*. Dieser entwickelte einen Ansatz, wonach „Gemeinschaft" und „Gesellschaft" den Gegenstand der (von ihm damit in Deutschland begründeten) Soziologie ausmachen. Für den Wissenschaftler sind beide Phänomene Formen sozialer Bejahung, wobei der Wille, sich als

[16] Vgl. Meffert (1971), S. 341; Wieswede (1972), S. 187; Haisch/Frey (1978), S. 77.
[17] Vgl. Haisch/Frey (1978), S. 77.
[18] Vgl. Tönnis (1887), S. 5.

einen Teil eines Kollektivs zu sehen, Gemeinschaften ausmacht. Diesen Willen bezeichnet die Wissenschaft gemeinhin auch als den sog. Wesenswillen. Im Gegensatz zum Wesenswillen ist der Kürwille als Wille zu verstehen, sich eines Kollektivs als eines Mittels zum eigenen Zweck zu bedienen. Dies ist charakterisch für Gesellschaften. In der Soziologie schließen sich nach *Tönnis* also die Begriffe Gemeinschaft und Gesellschaft gegenseitig aus, dem empirischen Verständnis nach erscheinen sie hingegen immer gemischt.[19] Da in der Literatur keine einheitliche Abgrenzung zwischen dem Gemeinschaftsbegriff und dem der Community zu finden ist, findet letzterer im weiteren Verlauf der Abhandlung Verwendung, auch um mit dem Begriff der vorherrschenden angelsächsischen Publikationen konform zu werden.[20]

Der Begriff der Community ist in der Literatur weder klar noch einheitlich vom Begriff der Gruppen abgegrenzt worden und wird teilweise auch synonym verwendet.[21] Die Community ist definiert als eine Gruppe sozial vernetzter Individuen, die durch gegenseitige moralische Verantwortung und Abhängigkeit verbunden sind und gemeinsame Ziele, Besitz oder Interessen teilen.[22] Den zentralen Unterschied zwischen Communities und Gruppen sieht *Thiedeke* in der sinnhaften Handlung zur Stabilisierung des Systems bei Communities, während bei Gruppen die Rollendefinition bzw. funktionale Aufgabenerfüllung im Vordergrund steht.[23]

Mit dem Ende der 60er Jahre und den damit einhergehenden gesellschaftlichen Veränderungen gewann der Begriff der Community neue Bedeutung. Die sich unter dem Protest gegen die Gesellschaftsform formierte soziale Struktur lässt sich durch starke gemeinsame Werte und Interessen charakterisieren.[24]

---

[19] Vgl. Tönnis (1887). S. 5 ff.
[20] Vgl. Hamann (2000), S. 223; Algesheimer (2004), S. 45.
[21] Vgl. bspw. Hamann (2000), S. 223 ff.
[22] Vgl. Algesheimer (2004), S. 45.
[23] Vgl. Thiedeke (2000), S. 44.
[24] Vgl. Hamann (2000), S. 223 f.

In den folgenden Jahren wurden in der soziologischen und philosophischen Literatur die Auflösung dieser sozialen Gemeinschaften und eine zunehmende Tendenz zur Individualisierung und Entstrukturalisierung postuliert.[25] Das Vergegenwärtigen dieser Konsequenzen wird heute als ursächlich für das Wiedererstarken gemeinschaftlicher Strukturen gesehen, in denen die Individuen sozialen Anschluss und Akzeptanz finden können.[26] In diesem Sinne postulieren *Muniz* und *O'Guinn:* „Community became more than place. It became a common understanding of a shared identity."[27]

Im Zusammenhang mit der Begrifflichkeit der Community muss zwischen den drei unterschiedlichen Konzepten „tribes", „subcultures of consumption" und „brand communities" differenziert werden, wobei einige Forscher die Begriffe gleichsetzen.[28] Im „tribes"-Konzept konsumiert das Individuum in einer Gruppe, wobei die Zugehörigkeit zeitlich limitiert sein kann.[29] Im Blickpunkt steht der Konsument und sein „Stamm", deren Rituale und Symbole es zu verstehen gilt. Dieser eher metaphorische Ansatz eignet sich aber aufgrund seiner mangelnden Konkretisierung für Marketingzwecke weniger gut als die Konzepte „subcultures of consumption" und „brand communities". Handelt es sich bei Ersterem um eine Gemeinschaft, die sich um eine gemeinsam konsumierte Produktgruppe oder Art des Konsumierens formiert, stellt bei der „brand community" eine konkrete Marke das Bindeglied zwischen den Mitgliedern dar.[30] Aus Perspektive des Markenführers ist deshalb offensichtlich, dass nur die „brand community" unmittelbare Managementrelevanz aufweist. Im folgenden Kapitel sollen „brand communities" deshalb eingehend analysiert werden.

---

[25] Vgl. allg. Habermas (1981) sowie Beck (1986).
[26] Vgl. allg. Cova (1997) sowie Cova (1999).
[27] Vgl. Muniz/O'Guinn (2001), S. 413.
[28] Vgl. Bagozzi (2004).
[29] Vgl. Cova/Cova (2002), S. 602.
[30] Für einen detaillierten Überblick über die Unterschiede vgl. Sitz/Amine (2004), S. 10.

2.1.2 Brand Communities

Soziale Gruppen, die von Menschen gegründet werden oder denen sie beitreten, um ein Konsumerlebnis miteinander zu teilen, sind auch unter dem Terminus Brand Communities bekannt. Sie sind als komplexe soziale Systeme zu begreifen, deren Regeln und Normen sich teilweise über lange Zeit entwickelt haben. Das Verständnis dieser sozialen Strukturen ist unabdingbar, da diese den konzeptionellen Rahmen für Chancen und Gefahren von Communities sowie die Handlungsoptionen des Marketings bilden.[31] *Muniz* und *O'Guinn* beschreiben Brand Communities als „(...) specialized, non-geographically bound community, based on a structured set of social relationships among admirers of a brand. (...) Like other communities, it is marked by consciousness, rituals and traditions, and a sense of moral responsibility."[32]

Zum Verständnis der weiteren Ausführungen ist eine Abgrenzung des Konzepts Brand Community vom Kundenklub vonnöten. Der Kundenklub wird als eine kommunikative Einheit verstanden, die vom Unternehmen sowohl initiiert als auch verwaltet wird und integrativer Bestandteil der Kundenbindungsstrategie ist.[33] Beispielhaft lässt sich der ProSieben-Club nennen, der über nahezu ein halbe Million Mitglieder verfügt.[34] So sollen durch eine Mitgliedschaft Gewinn- und Umsatzsteigerungen, eine langfristige Kundenbindung oder das Erfassen von Kundeninformationen und -bedürfnissen erreicht werden. Zudem soll durch klubexklusive Zusatzleistungen das Konsumerlebnis verstärkt und der Nutzen für den Konsumenten über den des Kernproduktes hinausgehend verstärkt werden.[35] Brand Communities hingegen sind dezentral und unabhängig vom Markeninhaber aufgestellt. Dadurch finden Interaktionen nicht dialogorientiert, sondern vielmehr in einem Netzwerk von

---

31 Vgl. Muniz/O'Guinn (2001), S. 418 ff.
32 Muniz/O'Guinn (2001), S. 412.
33 Vgl. Holz (1997), S. 18 f.
34 www.prosieben.de/club_community/
35 Vgl. Algesheimer (2004), S. 62.

Nachfragern statt.[36] Aufgrund der unabhängigen Struktur des Brand Community werden ihr keine ökonomischen Interessen unterstellt, die innere Kommunikation wird als wesentlich glaubwürdiger angesehen.[37]

In den vergangenen Jahren erfuhren Brand Communities sowohl in der Wissenschaft als auch in der Praxis immer stärkere Beachtung. Diesem Konzept liegt die Idee zugrunde, dass der Konsum einer bestimmten Marke ein Gruppenzugehörigkeitsgefühl und somit eine soziale Identität beim Individuum erzeugt.[38] *Cova* postuliert gar, dass die Symbolik der Zugehörigkeit zu einer Gruppe Gleichgesinnter, die durch den Konsum entsteht, wichtiger ist als der Konsum an sich.[39] Demnach konsumiert ein Individuum zum Zweck sozialer Bindungen.[40]

Brand Communities können sich grundsätzlich um jede Marke bilden, am ehesten aber entwickelt sich eine solche Kultur um Marken mit starkem Image (z. B. Porsche), die auf eine lange und/oder einzigartige Geschichte zurückblicken (z. B. Harley-Davidson) oder vom Wettbewerb bedroht werden (z. B. Apple).[41] In diesem Zusammenhang schätzt *Lindström*, dass bestenfalls 5% aller Marken das Potenzial zu einer Brand Community haben.[42] Der Einfluss von Brand Communities auf das Konsumverhalten konzentriert sich dabei im Wesentlichen auf sozial auffällige Produkte und Marken, also vornehmlich solche, die in der Öffentlichkeit Beachtung finden.[43] So stellt Harley Davidson beispielsweise mit über 900.000 Mitgliedern in der 1983 gegründete „Harley

---

[36] Vgl. Muniz/O'Guinn (2001), S. 413.
[37] Vgl. Meyer (2004), S. 226.
[38] Vgl. Algesheimer (2004), S. 51 ff.
[39] Vgl. Cova (1997), S. 307.
[40] Vgl. Algesheimer (2004), S. 54.
[41] Vgl. Muniz/O'Guinn (2001) S. 415.
[42] Vgl. Lindström (2002), S. 1.
[43] Vgl. Kroeber-Riel/Weinberg (2003) S. 484.

Owners Group“ die weltweit wohl stärkste und bekannteste Brand Community.[44]

Legt man die Definition von *Muniz* und *O'Guinn* zugrunde*, so* zeichnen Brand Communities vor allem ein gegenseitiges Zugehörigkeitsgefühl, geteilte Traditionen und Erfahrungen, gemeinsame Rituale sowie eine moralische Verantwortung gegenüber anderen Mitgliedern der Community aus.[45] Diese kollektive Identität der Community entsteht infolge des Bewusstseins des Einzelnen, durch die gemeinsame Nutzung einer Marke, eines Produktes oder einer Dienstleistung etwas Grundlegendes mit den anderen Mitgliedern gemeinsam zu haben.[46] Die Zugehörigkeit zu einer Community beinhaltet häufig auch bestimmte Verhaltensweisen und gemeinsam gemachte Erfahrungen. Desweiteren bildet die Abgrenzung zu anderen Communities und Nutzern anderer Marken ein weiteres verstärkendes Element der gemeinschaftlichen Identität. Diese „oppositional brand loyality“[47] zeigt sich bspw. in der ablehnenden Haltung der Harley-Davidson-Community Mitgliedern gegenüber Motorrädern asiatischer Herstellung. Mitglieder der Apple-User-Groups zeichnen sich durch eine generelle Ablehnung von Microsoft-Produkten aus.[48] Die Mitglieder einer Brand Community fühlen eine intrinsische Verbindung zueinander, die sie von Nichtmitgliedern unterscheidet.[49]

Darüber hinaus sind Brand Communities nach *Muniz* und *O'Guinn* durch gemeinsame Rituale und Traditionen charakterisiert. Gelebte Rituale sind von elementarer Bedeutung für die Kultur einer Brand Community.[50] Durch die regelmäßige Pflege der Rituale wird die Bindung an die Community stetig

---

[44] www.harley-davidson.com
[45] Vgl. Muniz/O'Guinn (2001), S. 413; McAlexander et al. (2002), S. 38 ff.
[46] Vgl. Brown et al. (2003), S. 23.
[47] Muniz/Hamer (2001), S. 355.
[48] Vgl. Muniz/O'Guinn (2001), S. 421.
[49] Vgl. Muniz/O'Guinn (2001), S. 420.
[50] Vgl. Muniz/O'Guinn (2001), S. 419.

erneuert.[51] Bei einem Fußballverein kann sich dieses Verhalten im regelmäßigen Besuch von Heim- und Auswärtsspielen äußern. Der kulturelle Kern der Brand Community besteht häufig aus der Historie der Marke, den nur „wahre" Fans kennen und mit denen sie sich von den „Trittbrettfahrern", welche die Marke aus „falschen" Beweggründen nutzen und somit Rituale und Traditionen nicht wirklich begreifen, unterscheiden können.[52] Aus diesem Verständnis leiten sich zahlreiche Traditionen und Rituale ab. Die Brand Community erfordert demnach ein gemeinsames, geteiltes Wissen um die Geschichte der Marke.[53] Die Bindung an die Marke wird auch dadurch verstärkt, dass einige Geschichten immer wieder innerhalb der Community erzählt werden und somit einen rituellen Charakter annehmen. *Muniz* und *O'Guinn* sind der Auffassung, dass die Weitergabe nicht nur allgemeiner Erfahrungen mit der Marke, sondern auch ganz persönlicher Erlebnisse das Commitment aller Mitglieder erhöht, da sowohl Erzähler als auch Rezipienten das Gefühl haben, unter Gleichgesinnten zu sein.[54]

Intensiviert wird dieses Zugehörigkeitsgefühl dadurch, dass communityspezifische Ausdrücke und Symbole verwendet werden.[55] Manche Communities bilden eigene Zeichen oder Sprachen, die ihre Einzigartigkeit unterstreicht und zugleich ihren kulturellen Grundstock bildet, welcher der Community ermöglicht, sich ihrer Bedeutung immer wieder bewusst zu werden.[56] Communities vermögen das Kundenerlebnis dadurch beträchtlich zu erhöhen. So kann ein Star Trek-Fan sein Konsumerlebnis um ein Vielfaches intensivieren, wenn er, anstatt sich die Serie alleine anzusehen, einer Gruppe gleichgesinnter Fans beitritt. Gemeinsam mit anderen Community-Mitgliedern kann er die symboli-

[51] Vgl. Cova (1997), S. 307.
[52] Vgl. Muniz/O'Guinn (2001), S. 422.
[53] Vgl. Algesheimer (2004), S. 57.
[54] Vgl. Muniz/O'Guinn (2001), S. 423.
[55] Vgl. Algesheimer (2004), S. 58.
[56] Vgl. Hills (2002), S. 64.

sche Bedeutung von Star Trek durch fiktive Rollenspiele in ein greifbares Erlebnis verwandeln.[57]

Brand Communities sind schließlich durch ein Gefühl kollektiver Verantwortung geprägt. Die Organisation gemeinsamer Aktivitäten oder die Verwaltung der Online-Community stellen einen zeitlichen und ökonomischen Aufwand dar, der nur deshalb in Kauf genommen wird, weil sich die Mitglieder über die existenzielle Bedeutung des Einsatzes jedes Einzelnen für das Fortbestehen der Community bewusst sind.[58] Auch das Teilen von Wissen und Informationen zur Marke oder zum Umgang mit dieser, z. B. durch technische Hilfestellung, drückt ein Verantwortungsbewusstsein für die anderen Mitglieder aus.[59] Dabei wird die Tatsache, dass neuere Mitglieder im Umgang mit der Marke zunächst von erfahrenen Nutzern „geschult" werden müssen, nicht als störend empfunden. Es besteht nämlich die Auffassung, dass dieser Prozess der Sozialisierung ein notwendiger Bestandteil des Communitylebens darstellt, da neue Mitglieder durch die Eingliederung einen sinnvollen Beitrag zur Gemeinschaft leisten können.[60]

Durch das Bestehen von Brand Communities sind für die zugrundeliegende Marke sowohl Chancen als auch Risiken verbunden. Communities können das Konsumerlebnis der Kunden intensivieren, indem symbolische Bedeutungen durch Interaktion mit anderen Gleichgesinnten zu reellen Erfahrungen werden.[61] Weiterhin können Brand Communities Konsumenten neue Nutzungsmöglichkeiten erschließen. So haben sich bspw. die MacUser-Groups dem Ziel verschrieben, den kostenlosen Wissens- und Erfahrungsaustausch der Mitglieder zu fördern, wodurch der einzelne Teilnehmer auf eine Vielzahl von Ressourcen zurückgreifen und neue Anwendungsmöglichkeiten

[57] Vgl. Jenkins (1992), S. 280 f.; Kozinets (2001), S. 76 f.
[58] Vgl. Rheingold (2000), S.47.
[59] Vgl. Algesheimer (2004), S. 58.
[60] Vgl. McAlexander et al. (2002), S. 42.
[61] Vgl. Kozinets (2001), S. 76 f.

für seine Apple-Geräte entdecken kann.[62] Dadurch intensiviert sich auch die Bindung von Mitgliedern an die jeweilige Marke. So führen die neuen Anwendungsmöglichkeiten zu einer höheren Nutzungsfrequenz von Produkt oder Dienstleistung, zudem wirkt die Loyalität der Mitglieder untereinander bindungsverstärkend.[63] Die mit der Community verbundenen Verhaltensweisen und Erfahrungen werden von den Mitgliedern als einzigartig angesehen, was wiederum auf die Community in ihrer Gesamtheit abfärbt. Allein durch den Beitrag und Verbundenheit eines jeden Mitglieds kann demnach der Fortbestand der Community und ihres symbolischen Wertes gesichert werden.

Darüber hinaus weisen Brand Communities eine hohe Kommunikationsintensität auf, die sich in der aktiven Anwerbung neuer Mitglieder äußert. Jede soziale Gruppierung ist zu ihrem Fortbestand auf die Bindung bestehender und Rekrutierung neuer Mitglieder angewiesen, wobei das netzwerkbasierte Prinzip des Anwerbens sehr erfolgreich sein kann.[64] Die Markenanhänger begeistern sich nicht nur gegenseitig, sondern stecken auch andere an. So konnte *Panten* nachweisen, dass nahezu 50 Prozent der Community-Nutzer über Weiterempfehlungen von Freunden und Bekannten auf das Community-Angebot aufmerksam werden.[65]

Neben den geschilderten Chancen für das Marketing beinhalten Brand Communities auch Risiken für die Marke, die in deren autonomen Dasein begründet ist. Da diese sozialen Gruppen ausschließlich durch die Initiative von Konsumenten entstehen und ohne Existenz des Unternehmens fortbestehen können, sind sie nur sehr schwer beeinflussbar. Mit der Nutzung der Brand Communities für Marketingzwecke geht für den Markenhalter ein partieller Verlust über die Markenkontrolle einher, welche sich zugunsten der

---

[62] www.apple.com/usergroups/
[63] Vgl. Arnould/Price (1993), S. 35.
[64] Vgl. Muniz/O'Guinn (2001), S. 425.
[65] Vgl. Panten (2005), S. 5 ff.

Konsumenten verschiebt.[66] *Wipperfürth* spricht in diesem Zusammenhang von „brand-hijack", da sich die Mitglieder der Brand Communities im Wissen um ihre Macht dem Besitz der Marke annehmen.[67] Aufgrund ihres hohen Involvements beanspruchen Communities oftmals ein gewisses Mitspracherecht, da sie glauben, die „richtigen" Vorstellungen von der Produktpolitik und dem symbolischen Wert der Marke zu haben.[68] Dabei lassen sich zwei Formen des „brand hi-jacks" differenzieren:[69]

- Die unbewusste Übernahme. In diesem Falle beginnen die Konsumenten in Brand Communities den symbolischen Wert, die Art der Nutzung und Persönlichkeit einer Marke autonom zu definieren. Der Markenführer antizipiert die Entwicklung nicht, kann allerdings versuchen, einen Teil der Kontrolle zurückzugewinnen.
- Die kooperative Übernahme, bei der das Unternehmen gemeinsam mit den Konsumenten die Marke in ihren Aspekten weiterentwickelt und sich die (Wissens-) Ressourcen der Mitglieder zu Nutze machen will.

Die überwiegende Anzahl der Fälle ist dabei der unbewussten Übernahme zuzurechnen. Unternehmen stehen dem Problem gegenüber, dass sie keine Kontrolle über die Brand Communities und deren Inhalt haben. Ein Teil des Markenimages liegt somit außerhalb der Reichweite des Unternehmens. Im Falle von Harley-Davidson litt die Reputation der Marke unter den kriminellen Aktivitäten einiger autonomer Harley-Davidson-Fanklubs.[70] Die Community kann sich auch bewusst gegen das Unternehmen wenden, wenn es Aspekte der Marke vom Anbieter „falsch" interpretiert sieht. *Kozinets* berichtet, dass sich immer größere Teile der Star Trek-Communities vom Rechteinhaber

[66] Vgl. Muniz/O'Guinn (2001), S. 427.
[67] Vgl. Wipperfürth (2005), S. 13.
[68] Vgl. Muniz/O'Guinn (2001), S. 415. Unter Involvement versteht man das Engagement, das mit einem spezifischen Verhalten verbunden ist. Vgl. weitergehend Kroeber-Riel/Weinberg (2003), S. 175.
[69] Vgl. Wipperfürth (2005), S. 13 ff.
[70] Vgl. McWilliam (2001), S. 73.

Paramount abwenden und boykottieren, weil sie der Ansicht sind, dass neue Episoden nicht mehr der ursprünglichen Philosophie der Serie entsprechen.[71]

Ein weiteres Risiko bei Brand Communities besteht in der Multiplikation negativer Effekte. In Communities entstehende gruppendynamische Effekte können eskalieren und sich gegen das Unternehmen richten. Beispielhaft für diesen Einfluss ist der Fall einiger treuer Apple-Fans, die einen Kurzfilm namens „iPods Dirty Secret" drehten und auf einer Protest-Webseite zum Herunterladen anboten, nachdem sie festgestellt hatten, dass der Akku des Musikplayers nach 18 Monaten nicht mehr aufladbar war und nicht ausgewechselt werden konnte. Nachdem ihre Anti-iPod-Seite über 1,4 Millionen Mal aufgerufen wurde, sah sich Apple gezwungen, auf das Problem zu reagieren.[72] Seine Beziehung zur Marke brachte einer der Filmmacher später folgendermaßen zum Ausdruck: „We made that film because we believe in the brand so much"[73]. Aufgrund der im Regelfalle ausgezeichneten Kommunikation in Communities verbreiten sich Informationen mit ungeahnter Geschwindigkeit; ein Effekt, den man sich im Konzept des Viral Marketing zunutze zu machen versucht.[74]

Kozinets weist darauf hin, dass die beschriebenen Chancen und Risiken in virtuellen Gemeinschaften, teilweise schon durch deren bloße Größe bedingt, noch erheblich größer sind.[75] Nicht zuletzt ist das Interesse des Marketing an Brand Communities insgesamt auf die seit Jahren wachsende Popularität der Online-Gemeinschaften zurückzuführen.[76] Es erscheint daher angemessen, sich eingehender mit Brand Communities in ihrer virtuellen Form zu befassen, was Gegenstand des folgenden Kapitels ist.

---

[71] Vgl. Kozinets (1999), S. 81 f.
[72] Vgl. Brady (2004). S. 46 ff.
[73] Brady (2004), S. 47.
[74] Vgl. Kroeber-Riel/Weinberg (2003), S. 576.
[75] Vgl. Kozinets (1999), S. 253.
[76] Vgl. McWilliam (2000), S. 72.

2.1.3 Virtuelle Brand Communities

Das Wachstum des Internets und seiner Nutzerzahl hat im vergangenen Jahrzehnt beeindruckende Ausmaße angenommen. In den Industrieländern liegt der Anteil der Internetnutzer derzeit bei 20-50% der Gesamtbevölkerung. So nutzen weltweit über 315 Millionen das Internet aktiv, davon alleine etwa 32 Millionen in Deutschland.[77] Jeden Monat steigt die globale Zahl der User um knapp 1%, was immerhin etwa drei Millionen neuer Teilnehmer bedeutet. Jeder deutsche Internet-Nutzer verbringt nach Angaben des Panels durchschnittlich 30 Stunden im Monat online, womit er geringfügig über dem weltweiten Schnitt von 27 Stunden liegt. Im Jahr 2000 wurde von etwa 40 Millionen Mitgliedern in den verschiedensten Online-Communities ausgegangen.[78] Diese Zahlen zeigen das Potenzial des weltweiten Datennetzes, das auch die zwischenmenschliche Kommunikation verändert. So ist im Netz die in der physischen Welt eher unübliche Kommunikation „vieler mit vielen" kein Problem mehr. Diese Erscheinungsform wird allgemein als virtuelle Community bezeichnet.[79]

Rheingold definiert virtuelle Community als eine soziale Ansammlung, die entsteht, wenn genügend Menschen öffentliche Diskussionen lange genug und mit ausreichend menschlichem Gefühl führen, um ein Netz persönlicher Beziehungen im Internet zu formen. Die „virtual communities of consumption" versteht *Kozinets* als „affiliative groups whose online interactions are based upon shared enthusiasm for, and knowledge of, a specific consumption activity or related group of activities"[80]. Sie unterscheiden sich von „face-to-face"-Communities insbesondere durch die Anonymität ihrer Mitglieder, die nicht-geografische Bindung sowie durch die asynchrone Kommunikation, d. h., der

---

[77] Vgl. Nielsen Netratings (2006), S. 1 ff.
[78] Vgl. Kozinets (1999), S. 253.
[79] Vgl. Rheingold (2000), S. 5.
[80] Kozinets (1999), S. 253.

Zeitbezug ist weniger relevant.[81] Die Anonymität macht es den Mitgliedern möglich, anderen ein ideelles Selbstbild zu präsentieren, da die physische Erscheinung nicht zu Tage tritt. Weiterhin werden durch die Ortsungebundenheit und die Möglichkeit, zu jeder (Tages-) Zeit an der Community zu partizipieren, bislang kaum denkbare Gruppengrößen möglich.[82] *Paul* und *Runte* identifizieren in ihrer Arbeit vier Ausprägungsformen virtueller Gemeinschaften:[83]

- Interessensgemeinschaften (communities of interest), denen ein von den Mitgliedern geteilter, spezieller Interessensschwerpunkt zugrunde liegt. Sie zeichnen sich durch einen hohen Grad an interpersoneller Kommunikation aus und können z. B. eine Marke zum Interessensmittelpunkt haben.
- Beziehungsgemeinschaften (communities of relationship) bilden sich um besondere oder gemeinsame Erfahrungen der Mitglieder und können z. B. die Form von Selbsthilfegruppen annehmen.
- Fantasiegemeinschaften, bei denen das Unterhaltungsmotiv im Vordergrund steht. In fiktionalen Umgebungen können die Teilnehmer eine Pseudoidentität aufbauen und interagieren; bekanntestes Beispiel dafür sind sog. „Multi-User-Dungeons".
- Transaktionsgemeinschaften schließlich sind auf eine Kauftransaktion für ein Produkt oder eine Dienstleistung ausgerichtet. Sie basieren auf einem wirtschaftlichen Tauschbedürfnis zwischen Anbieter und Nachfrager.

Weiber und *Meyer* differenzieren weiterhin nach kommerziellen und nichtkommerziellen, abhängigen sowie unabhängigen Communities. Nach dieser

[81] Vgl. McKenna/Bargh (2000), S. 57 ff.
[82] Die später vorgestellte virtuelle Community „MacUser" zählt allein im deutschsprachigem Raum über 49.000 registrierte Mitglieder, vgl. Kapitel 4.1.1
[83] Vgl. Paul/Runte (1999), S. 158.

Definition gehen nicht-kommerzielle Online-Gemeinschaften primär rein persönlichen Interessen nach und lehnen Werbung, Sponsoring o. ä. im Regelfall ab. Kommerzielle Communities hingegen sind für eine wirtschaftliche Nutzung konzipiert, die Betreiber verfolgen in diesem Fall erwerbswirtschaftliche Ziele und setzen hierzu gezielt Möglichkeiten des Individualmarketings im Hinblick auf die Mitglieder ein.[84]

Unter abhängigen Communities werden solche verstanden, die von einem oder mehreren Unternehmen organisiert werden, um sie für Marketingzwecke einzusetzen, wobei der Betreiber gleichzeitig auch Produzent der zu vermarktenden Leistung ist (Online-Kundenklub). Schließlich sind unabhängige Virtual Communities eigenständige, vom Markenführer losgelöste Gemeinschaften, die auf Konsumenteninitiative entstehen. Letzteres Begriffsverständnis entspricht somit der zuvor getroffenen Definition von Brand Communities, welche für die vorliegende Untersuchung Geltung finden soll.[85]

Im Blickfeld der Konsumenten weisen Brand Communities ein wesentlich höheres Maß an Vertrauen und Authentizität im Vergleich zu anbieterabhängigen (Online-) Kundenklubs auf, da weder dem Betreiber noch den Mitgliedern kommerzielle Interessen unterstellt werden. Sofern die Glaubwürdigkeit der Informationen nicht gegeben ist, neigen die Mitglieder zum Abwandern oder warnen die anderen Teilnehmer. Sie ist somit von essenzieller Bedeutung für das funktionieren virtueller Gemeinschaften.[86]

Dem Anbieter ermöglichen markenbezogene Online-Communities, sofern diese frei zugänglich sind, in Echtzeit zu verfolgen, welche Vorstellungen und Gefühle die Marke erweckt. Die virtuellen Gemeinschaften erlauben es dem Markenführer, den Marktkräften mit bisher undenkbarer Präzision und

[84] Vgl. Weiber/Meyer (2002), S. 350.
[85] Vgl. Kapitel 2.1.2
[86] Vgl. Weiber/Meyer (2000), S. 354.

Effizienz nachzuspüren.[87] Somit können auch bspw. Hinweise auf unausgesprochene Bedürfnisse erfasst und zeitnah verarbeitet werden. Der Nutzen aus Unternehmenssicht hängt also davon ab, in welchem Ausmaß zwischen den Mitgliedern der Brand Community interagiert wird. Durch die Integration der Erkenntnisse im Management kann das Unternehmen zudem signalisieren, dass es ein Interesse an der Entwicklung des Produktes oder der Dienstleistung im Sinne der Community hat.[88] Diese Vorteile virtueller Gemeinschaften gesellen sich somit zum zuvor beschriebenen Potenzial von Brand Communities. Die folgende Abbildung fasst die Chancen und Risiken virtueller Brand Communities noch einmal zusammen:

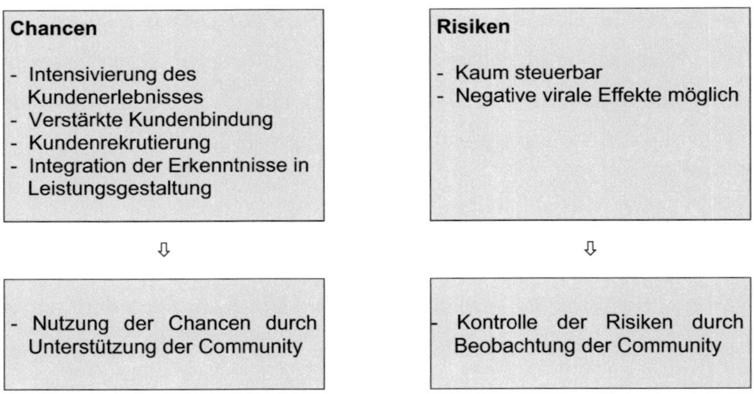

Abb. 01: Chancen und Risiken von Brand Communities

Die von „face-to-face"-Markengemeinschaften abweichenden Charakteristika sowie Chancen und Risiken legen eine Untersuchung virtueller Brand Communities nahe. In welchem Umfang diese zur Erreichung der Markenloyalität beitragen können und warum diese Größe generell eine entscheidende Relevanz für den unternehmerischen Erfolg besitzt, soll im folgenden Kapitel erläutert werden.

[87] Vgl. McWilliam (2001), S. 72 ff.
[88] Vgl. Schouten/McAlexander (1995), S. 57.

2.2 Loyalität als Marketingziel der Unternehmung

2.2.1 Konzeptionalisierung des Loyalitätsbegriffs

Bezüglich der Konzeptionalisierung der Kundenloyalität und ihrer Definition herrscht in der Wissenschaft noch keine Einigung. Generell kann die Kundenbindung aus der Sichtweise des Anbieters, des Nachfragers und der Geschäfts-beziehung betrachtet werden. Da das Verhalten des Konsumenten im Mittelpunkt dieser Studie steht, beziehen sich die weiteren Ausführungen auf die nachfrageorientierte Sichtweise.[89] *Diller* verweist auf die kognitive, affektive sowie intentionale Komponente und definiert Kundenloyalität als „Einstellung eines Kunden zur Geschäftsbeziehung mit einem Anbieter (...), die sich in dessen Bereitschaft zu Folgetransaktionen niederschlägt".[90]

Das Konzept der Kundenloyalität wird in der Wissenschaft teilweise behavioristisch, unter reiner Betrachtung der Phänomene, oder aber auch neobehavioristisch, unter zusätzlicher Berücksichtigung der Prozesse im Individuum interpretiert. Unter behavioristischen Gesichtspunkten wird schon ein konsistentes Markenwahlverhalten als Kundenbindung aufgefasst.[91] Einige Autoren dieser Forschungsrichtung setzen die Kundenbindung daher mit Kundenloyalität gleich.[92] Zur Messung der Loyalität werden hierbei beobachtbare Größen, wie bspw. die Wiederkaufsfrequenz, die Kaufsequenz oder die Anzahl erworbener Marken herangezogen. In der jüngeren Vergangenheit wurde insbesondere die Wiederkaufsprobabilität verstärkt als Indikator für die Loyalität herangezogen. Diese wird in der behavioristischen Forschung als stochastische Größe interpretiert, die die Wahrscheinlichkeit wiedergibt, mit der ein Individuum eine bestimmte Marke in Zukunft kauft, welche sie in der Vergangenheit bereits ein- oder mehrmals erworben hat.[93]

---

[89] Vgl. Giering (2000), S. 19.
[90] Diller (1996), S. 82.
[91] Vgl. Braunstein (2001), S. 14.
[92] Vgl. Homburg et al. (1999), S. 178; Herrmann et al. (2000), S. 296.
[93] Vgl. Braunstein (2001), S. 15.

Die Vertreter der neobehavioristischen Auffassung kritisieren insbesondere, dass die Ursachen für den Wiederkauf in der behavioristischen Sichtweise keinerlei Berücksichtigung finden, denn diese können ebenso situativ, durch interne Prozesse des Organismuses oder auch nur durch Zufall bedingt sein.[94] Eine positive Einstellung zur Marke kann also zum Wiederkauf führen, ebenso können sich situative Gründe, wie bspw. die Nicht-Erhältlichkeit einer Marke auf den Kauf auswirken.[95] *Oliver* postuliert in diesem Zusammenhang, dass eine Realisierung der Verhaltensabsicht nicht notwendigerweise erfolgt.[96] Er unterscheidet zwischen tatsächlichem und bekundetem Treueverhalten und erachtet eine adäquate Erfassung der tatsächlichen Loyalität nur mit einer zweidimensionalen Konzeptionalisierung für möglich. Aufgrund der mangelnden Erklärungskraft des Stimuli-Response-Modells durch die fehlenden intervenierenden Variablen wird die behavioristische Auffassung in der Literatur mehrheitlich kritisiert oder abgelehnt.[97]

Neobehavioristischen Ansätzen stellen die internen Prozesse im Organismus in den Kernpunkt des Interesses. Für *Jacoby* und *Kyner* bilden die psychischen Entscheidungsprozesse das konstituierende Merkmal der Loyalität.[98] Dazu zählen Überzeugungen als kognitive Komponente, Einstellungen als affektive Komponente sowie Intention als konative Komponente.[99] *Dick* und *Basu* identifizieren weitere Phänomene wie die Kundenzufriedenheit oder inneres Commitment.[100] Andere Forscher plädieren dafür, Loyalität als Konsequenz einer interpersonalen Beziehung zu konzeptualisieren.[101] So fordern *Fournier* und *Yao*, Markenloyalität als langfristige, vertraute und

[94] Vgl. grundsätzlich Jacoby/Chestnut (1978); Dick/Basu (1994).
[95] Vgl. Cunningham (1956), S. 121 f.
[96] Vgl. Oliver (1999), S. 35 ff.
[97] Vgl. Cunningham (1956), S. 121 f.; Braunstein (2001), S. 15; Kroeber-Riel/Weinberg (2003), S. 30. Die internen affektiven und kognitiven Prozesse werden „intervenierende Variablen" genannt, weil sie als Bindeglied zwischen Reiz und einer Reaktion „intervenieren".
[98] Vgl. Jacoby/Kyner (1973), S. 2 f.
[99] Vgl. Jacoby/Chestnut (1978), S. 80 ff.
[100] Vgl. Dick/Basu (1994), S. 101.
[101] Vgl. stellvertretend Schouten/McAlexander (1995).

emotionsgeladenen Partnerschaft zur Marke zu interpretieren und sie stets im Kontext des Nachfragers zu untersuchen.[102] Es handelt es sich demnach um Größen, die nicht aus dem beobachtbaren Verhalten hervorgehen.

Bezüglich der Erfassung der Loyalität soll im Folgenden auf einige Messansätze eingegangen werden, die in der einschlägigen Literatur besondere Beachtung gefunden haben. *Boulding et al.* präsentieren ein zweidimensionales Loyalitätskonzept, dass Wiederkaufsintention sowie Weiterempfehlungsabsicht beinhaltet.[103] Einen ebenfalls bedeutenden Ansatz für die Marketingforschung liefern *Fornell et al.* im Rahmen des American Customer Satisfaction Index.[104] Die Forscher stellen sich dabei die Frage nach der Wiederkaufswahrscheinlichkeit, der maximalen Preistoleranz sowie nach der Preisgrenze, ab der der Konsument seine Wiederkaufsfrequenz erhöht.[105] An beiden Konzepten kritisiert *Narayandas*, dass wichtige Aspekte der Kundenloyalität, wie bspw. die Bereitschaft, einen Premiumpreis zu zahlen, keine Berücksichtigung finden. Der Forscher identifiziert als adäquate Messinstrumente neben der Wiederkaufsabsicht und der Weiterempfehlungsbereitschaft auch die Resistenz gegenüber Kritik an den Leistungen des Anbieters, Widerstand gegen die Abwerbungsversuche der Konkurrenz sowie die Bereitschaft, bei kurzfristiger Nichtverfügbarkeit auf den Kauf eines Konkurrenzproduktes zu verzichten.[106] Allerdings weisen die Ergebnisse einer konfirmatorischen Faktorenanalyse nur eine bedingte Reliabilität und Validität seiner Messinstrumente auf.[107]

Im Konzept von *Homburg* und *Faßnacht* lässt sich die Kundenbindung durch zwei Dimensionen charakterisieren, nämlich das bisherige, beobachtbare

[102] Vgl. Fournier/Yao (1997), S. 453; Fournier (1998), S. 343.
[103] Vgl. Boulding et al. (1993), S. 20 ff.
[104] Vgl. www.theacsi.org
[105] Vgl. Fornell et al. (1996), S. 10.
[106] Vgl. Narayandas (1997), S. 5.
[107] Vgl. Narayandas (1997), S. 12.

Verhalten und die Verhaltensintention.[108] *Braunstein* stützt sich auf diese Konzeptionalisierung der Kundenbindung und setzt das bisherige Verhalten mit der Kundenbindung im engeren Sinne, die Verhaltensabsicht mit der Kundenloyalität gleich.[109] Sie erfasst die Kundenloyalität mithilfe der Faktoren Wiederkaufabsicht, Weiterempfehlungsabsicht sowie Cross-Buying-Absicht.

Diese Auffassung entspricht der Tendenz in der Literatur, Kundenbindung mit dem tatsächlich beobachtbaren Verhalten in Verbindung zu bringen, während die Loyalität als intentionale Größe interpretiert wird.[110] In Analogie zu *Fournier, Jacoby* und *Kyner* wird in dieser Untersuchung der Fokus auf die inneren Prozesse der Individuen und deren Einfluss auf die Loyalität gelegt. Da der Kausalzusammenhang von Verhaltensintention und tatsächlichem Verhalten hinlänglich untersucht und belegt wurde, wird die Loyalität als intentionales Segment des Modells zur Grundlage für die weitere Untersuchung angenommen und auf die Messung des overten Verhaltens verzichtet.[111]

Basierend auf dem Loyalitätsverständnis von *Braunstein* werden in dieser Studie die Indikatoren Wiederkaufsabsicht, Weiterempfehlungsabsicht, Premiumpreisbereitschaft sowie Cross-Buying-Verhalten als Ausgangsdimensionen gewählt.[112] Aufgrund der separaten Berücksichtigung des Weiterempfehlungsverhaltens wird die entsprechende Dimension aus dem Messinstrumentarium entfernt.[113] Die getrennte Erfassung der Konstrukte Markenloyalität und Weiterempfehlungsverhalten erscheint schon aufgrund ihrer jeweiligen Komplexität sinnvoll. Aus diesen Überlegungen ergibt sich folgendes Konzept der Loyalität:

---

[108] Vgl. Homburg/Faßnacht (1998), S. 249 ff.; Homburg/Faßnacht (2001), S. 451.
[109] Vgl. Braunstein (2001), S. 12 f.
[110] Vgl. Herrmann et al. (2000), S. 293; Homburg/Faßnacht (2001), S. 151.
[111] Vgl. Magin (2003), S. 41 für eine Übersicht.
[112] Vgl. Braunstein (2001), S. 202.
[113] Zum Konstrukt der intendierten Weiterempfehlung siehe Kapitel 3.4

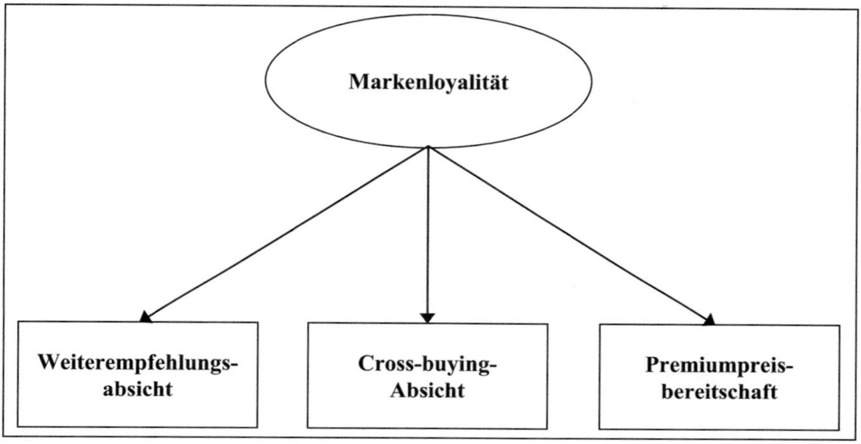

Abb. 02: Konzeptualisierung der Markenloyalität
Quelle: In Anlehnung an Braunstein (2000), S. 202.

Nachdem nunmehr der konzeptionelle Rahmen definiert ist, soll in der Folge die Managementrelevanz der Markenloyalität beleuchtet werden.

2.2.2 Ökonomische Bedeutung der Markenloyalität für den unternehmerischen Erfolg

Hintergrund der strategischen Zielsetzung, einen Kunden langfristig an eine Marke oder ein Unternehmen zu binden, sind oftmals ökonomische Erwägungen: Einerseits ist es bis zu fünfmal teurer, einen neuen Kunden zu gewinnen als einen bestehenden zu halten, andererseits amortisieren sich die Akquisitionskosten erst ab einer bestimmten Dauer der Kundenbeziehung.[114]

Einer Studie von *Reichheld* und *Sasser* zufolge hat eine Erhöhung der Kundenbindungsquote um nur 5% eine Steigerung der Gewinne um 25 % bis 85 % zur Folge. Die Forscher konnten zudem nachweisen, dass die hohen

[114] Vgl. Eckert (1994) S. 40 ff.; Stauss (1999), S. 221; Töpfer (1999), S. 3.

Akquisitionskosten eines Neukunden einen Großteil der Kundenbeziehungen in den ersten Jahren unrentabel machen.[115]

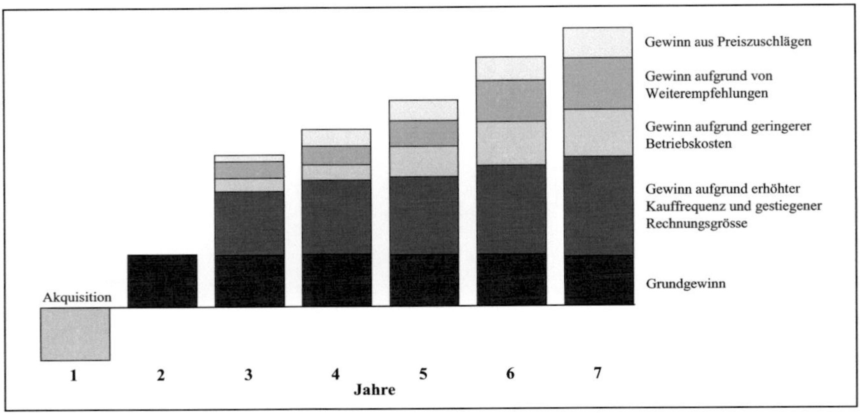

Abb. 03: Gründe der Rentabilität mit zunehmender Dauer einer Geschäftsbeziehung
Quelle: In Anlehnung an Reichheld/Sasser (2000), S. 143.

Die Begründung für die Gewinnsteigerungen im Zeitablauf ist durch höhere Umsätze, der Bereitschaft zur Zahlung von Premiumpreisen und der Abgabe von Weiterempfehlungen gegeben.[116] Durch die Intensivierung des Kontaktes kommt es zu einer verstärkten Kundenpenetration, d. h., loyale Kunden zeichnen sich durch eine höhere Kauffrequenz und ein höheres Transaktionsvolumen aus.[117] Zudem spielt das erhöhte Cross-Buying-Potential eine entscheidende Rolle, welche die Bereitschaft des Konsumenten zum Kauf anderer Produkte aus der Leistungspalette des angestammten Herstellers ausdrückt.[118]

Kostenreduzierend wirkt sich aus, dass sich Transaktionskosten im Laufe der Beziehung kontinuierlich verringern, bspw. in Form von sinkendem Verwal-

[115] Vgl. Reichheld (1993), S. 71.
[116] Vgl. Reichheld (1996), S. 38.
[117] Vgl. Buchanan/Gillies (1990), S. 524.
[118] Vgl. Eckert (1994), S. 4.

tungsaufwand oder durch gezieltere Marketingaktivitäten.[119] Umsatzwachstum resultiert auch aus der Ausweitung des Kundenstamms. Mund-zu-Mund-Propaganda wird von den Konsumenten als besonders glaubwürdig wahrgenommen, da die Informationen nicht vom Hersteller beeinflusst sind. Die Weiterempfehlungen der in Brand Communities hochgradig mit der Marke vertrauten Mitglieder sind dabei besonders wirksam. Gleichzeitig vermeiden loyale Kunden negative Kommunikation.[120] *Arnould* und *Price* konnten in diesem Zusammenhang nachweisen, dass Kommunikation zwischen Kunden eines Unternehmens positiv mit der eigenen Zufriedenheit korreliert.[121] Zum ökonomischen Erfolg der Unternehmung trägt auch die Tatsache bei, dass abgegebene Weiterempfehlungen die Einstellung und Kaufentscheidung des Rezipienten entscheidend beeinflussen können.[122] Da diese Effekte nicht unmittelbar messbar sind, werden sie zu den ökonomisch indirekt wirksamen Variablen gezählt.[123] Schließlich bewirkt die Nähe zu einem Hersteller auch eine gewisse Immunisierung gegen Maßnahmen der Kundenakquisition anderer Anbieter, da der Kunde mit diesen erst gar nicht in Kontakt kommt. Die Loyalität der Kunden stellt in diesem Fall eine Markteintrittsbarriere für Mitbewerber dar.[124]

Auch wegen der offensichtlichen Vorteile dauerhafter Geschäftsbeziehungen befasst sich die Marketingtheorie verstärkt mit dem Thema Beziehungsmarketing.[125] Es kam dabei in den vergangenen Jahren zu einem Paradigmenwechsel vom Transaktions- zum Relationship-Marketing, zu einem strategischen Umdenken von einer allgemeinen anonymen Marktorientierung hin zur

[119] Vgl. Buchanan/Gillies (1990), S. 524.; Braunstein (2001), S. 4 f.
[120] Vgl. Bone (1992), S. 579 ff.; Bansal/Voyer (2000), S. 166.
[121] Vgl. Arnould/Price (1993), S. 24 ff.
[122] Vgl. Weinberger/Dillon (1980), S. 528 ff.; Bansal/Voyer (2000), S. 166 ff.
[123] Vgl. Algesheimer (2004), S. 11.
[124] Vgl. Peter (1997), S. 43.
[125] Vgl. stellvertretend Peter (1997); Homburg et al. (1999); Braunstein (2001). Synonym zu Beziehungsmarketing wird auch der Begriff Relationship Marketing verwendet.

spezifischen individuellen Kundenbindung.[126] Im Gegensatz zu objektorientiertem Transaktionsmarketing ist *Grönroos* zufolge das Ziel von prozessorientiertem Beziehungsmarketing: „to establish, maintain, enhance and commercialize customer relationships, (...) so that the objectives of the parties involved are met."[127]

Diesem Bedeutungswechsel im Marketing liegt die Entwicklung dauerhafter Beziehungen zwischen Unternehmen und Kunde zugrunde. Eine ausgeglichene partnerschaftliche Nutzenverteilung zwischen den Akteuren wird dabei angestrebt. Im engeren Sinne umfasst Beziehungsmarketing ausschließlich Kundenbeziehungen, während im weiteren Sinne Beziehungen zu allen Anspruchsgruppen (Stakeholder) eines Unternehmens subsumiert werden können. *Bruhn* zufolge umfasst Relationship Marketing daher „sämtliche Maßnahmen der Analyse, Planung, Durchführung und Kontrolle, die der Initiierung, Stabilisierung, Intensivierung und Wiederaufnahme von Geschäftsbeziehungen zu den Anspruchsgruppen – insbesondere zu den Kunden – des Unternehmens mit dem Ziel des gegenseitigen Nutzens dienen."[128]

In der Praxis stehen nicht isolierte, zeitpunktbezogene Transaktionen, sondern vielmehr die Bedürfnisse und Erwartungen der Kunden während der gesamten Kaufphase und darüber hinaus im Mittelpunkt der Marketinganstrengungen. Die klassischen Marketinginstrumente verlieren aufgrund dieser Überlegungen nicht an Bedeutung. Alle Aktivitäten fokussieren aber nunmehr auf die Geschäftsbeziehung und weniger auf einzelne Parameter, wie z. B. Preis und Produkt.[129] Daraus resultiert auch eine Abkehr vom klassischen Stimulus-Response-Modell hin zu einer interaktionsbezogenen Sichtweise.[130] In der

[126] Vgl. Kotler (1992), S. 50 ff.
[127] Grönroos (1989), S. 4.
[128] Bruhn (2001), S. 9.
[129] Vgl. Braunstein (2000), S. 58.
[130] Vgl. Diller (1995), S. 12.

folgenden Tabelle sind die wesentlichen konzeptualen Unterschiede zwischen Transaktions- und Relationship-Marketing gegenübergestellt:

Merkmal	**Transaktions-marketing**	**Relationship Marketing**
Zielsetzung	Kundenaquisition	Kundenbindung
Fokus der Aktivitäten	Produkt und Preis	Kunde
Bedeutung der Kundenorientierung	niedrig	hoch
Bild von den Konsumenten	anonyme Masse	Partner
Richtung der Kommunikation	einseitig vom Anbieter zum Konsumenten	dialogorientiert
Stellung des Konsumenten	isoliert	in ein Netzwerk aus anderen Konsumenten eingebunden

Tab. 02: Unterschiede zwischen Transaktions- und Relationship-Marketing
Quelle: In Anlehnung an Grönroos (1991), S. 7, Braunstein (2000), S. 59.

Für Marketingtheorie und -praxis ist es gleichermaßen notwendig zu verstehen, dass der Konsument aus einem Beziehungsgeflecht mit anderen Konsumenten heraus agiert und interagiert. *Muniz* und *O'Guinn* erweiterten im Rahmen ihrer Brand Community-Studien die dyadische Kunde-Anbieter-Beziehung zu einem triadischen Modell.[131] Hierbei stehen nicht nur Anbieter und Nachfrager in Beziehung zueinander, vielmehr interagiert der Anbieter mit zahlreichen untereinander vernetzten Konsumenten. *McAlexander et al.* begreifen in ihrem weiterentwickelten Erklärungsmodell den Nachfrager als zentrales Element in einem Wirkungsgefüge aus Marke, Produkt, anderen Nachfragern und dem Markenführer.[132]

[131] Vgl. Muniz/O'Guinn (2001), S. 418.
[132] Vgl. McAlexander et al. (2002), S. 39.

Die folgende Abbildung illustriert die einzelnen Sichtweisen:

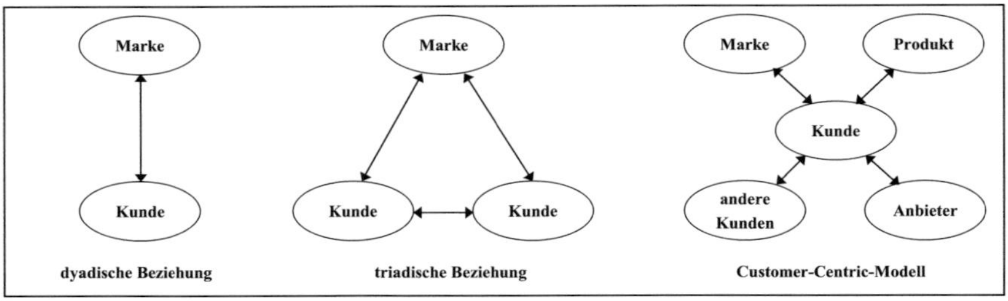

Abb. 04: Dyadisches, triadisches, Customer-Centric-Beziehungsmodell
Quelle: In Anlehnung an McAlexander et al. (2002), S. 39.

Der dyadische Ansatz legt den Fokus demnach auf die Beziehung Konsument und Anbieter, im Netzwerkansatz sind hingegen die Relationen zwischen den Konsumenten relevant.[133] Zudem stellt der Anbieter nicht zwangsläufig einen integrativen Bestandteil der Beziehungen dar, sondern unterstützt und verstärkt diese durch seine Produkte, Dienstleistungen und Mitarbeiter.

Beziehungen zwischen den einzelnen Marktteilnehmern stehen schon immer im Mittelpunkt der Marketingforschung und auch das Ziel, Kunden an das Unternehmen zu binden und Folgekäufe zu erzielen, ist nicht neu. Allerdings konzentrierten sich viele Anbieter in der Vergangenheit vorrangig auf die Vorkaufsphase. Im Vordergrund stand dabei die Maximierung von Geschäftsabschlüssen. Neue Erkenntnisse in der Zufriedenheitsforschung und die Etablierung des Servicegedankens veränderten die Blickrichtung der Unternehmen hin zur Nachkaufphase. Die Praxis zeigte jedoch, dass zufriedene Kunden nicht zwangsläufig loyal sein müssen (und loyale Kunden nicht zwangsläufig zufrieden).[134]

Vor diesem Hintergrund sind aktuell kundenorientierte Management-Konzepte gefragt, welche die kontinuierliche Planung, Gestaltung und Kontrolle von

[133] Vgl. Cova/Cova (2002), S. 604.
[134] Vgl. grundsätzlich Vollmer (2002).

Geschäftsbeziehungen nicht nur mit spezifischen Kunden umfassen, sondern auch die Interaktionen zwischen diesen berücksichtigten. Im Rahmen des Customer-Relationship-Marketing sind daher zahlreiche Versuche unternommen worden, Konsumenten langfristig an den Anbieter zu binden. Bisherige Ansätze sind allerdings skeptisch zu betrachten: In Deutschland kämpfen derzeit allein mehrere hundert kartenbasierte Bonusprogramme um die Aufmerksamkeit der Kunden. Angesichts der Flut von Bonuskarten, Kundenmagazinen, Rabattmarken und sonstigen Instrumenten sind Kundenbindungsprogramme inzwischen selbst zu einem Standardprodukt geworden und taugen oft wenig zur Differenzierung des Anbieters und somit zur Bindung des Konsumenten.[135]

Über das Internet abgewickelte Kampagnen, die den eigenen Kunden per E-Mail erreichen sollen, sind zwar recht kostengünstig, werden aber von den Kunden aufgrund ihrer standardisierten und vorgefertigten Art als stark werbeähnlich wahrgenommen. Da diese Aktionen zudem den meisten Internet-Nutzern inzwischen vertraut sind, ist deren Effektivität i. d. R. als recht niedrig einzuschätzen.[136] Es ist zu vermuten, dass das Management von Konsumenteninteraktionen in Brand Communities ein Konzept darstellt, dass zu einer effektiven Kundenbindung taugt. Die Relevanz der bewussten und unbewussten Interaktionen zwischen den Mitgliedern einer Brand Community drückt sich in ihrem Einfluss auf die Kundenprofitabilität, die Kundenloyalität und letztendlich auf den Unternehmensgewinn aus.[137] Zur besseren Einordnung der vorliegenden Studie erfolgt im Folgenden zunächst ein Abriss des aktuellen Standes der Brand Community-Forschung.

---

[135] Vgl. Howaldt et al. (2006), S. 2.
[136] Vgl. von Wangenheim (2002), S. 266.
[137] Vgl. Algesheimer (2004), S. 8.

2.2.3 Brand Communities im Spiegel der empirischen Literatur

Seit dem 1995 erschienenen Artikel von *Schouten* und *McAlexander* wurden zahlreiche Studien publiziert, die sich mit dem Phänomen der Brand Communities befassen und zugleich deren Bedeutung für das Marketing belegen.[138] Nach einer ersten Welle explorativer und überwiegend deskriptiver Arbeiten können die Forschungsbemühungen heute in drei große Richtungen differenziert werden:

- Eine Forschungsrichtung hat ihren Schwerpunkt in der klaren und eindeutigen Definition des Untersuchungsobjekts sowie in der Abgrenzung im Hinblick auf die verschiedenen benachbarten Konzepte der Brand Communities, „tribes“ und „subcultures of consumption“.[139] Insbesondere *Cova* weist darauf hin, dass hier noch kein einheitliches Begriffsverständnis vorliegt.[140]
- Eine zweite Gruppe von Forschern ist bestrebt, das Konzept der Communities theoretisch eingehend zu analysieren und insbesondere kognitive sowie affektive Prozesse zu erklären. Weiterhin wird versucht, Effekte, die aus der Communityzugehörigkeit herrühren, zu messen (z. B. Loyalität). Die Prozesse im Konsumenten und die Wirkungen der Einflussgrößen auf die Zielgröße stehen hierbei im Mittelpunkt.[141]
- Schließlich bemühen sich einige Forscher um die Ableitung von Managementempfehlungen zur Schaffung und Führung einer Community. Die Communities und ihre Mitglieder stehen unter Schlagwörtern wie „cult branding“ im Mittelpunkt. Dabei handelt es sich aber zumeist um anbieterabhängige Communities.[142]

---

[138] Vgl. bspw. Kozinets (1999); Muniz/O'Guinn (2001); Muniz/Schau (2005).
[139] Vgl. bspw. Cova (1997); Cova/Cova (2002); Sitz/Amine (2004).
[140] Vgl. Cova/Cova (2002), S. 603.
[141] Vgl. bspw. McAlexander et al. (2003); Algesheimer (2004).
[142] Vgl. bspw. Kozinets (1999); McWilliam (2001); McAlexander et al. (2002).

Beeinflusst wird die Community-Forschung dabei von Studien zu den Beziehungen zwischen Konsumenten untereinander und zu ihrer Marke.[143] Dabei gaben insbesondere die Auffassung *Fourniers*, die Marke wie einen Partner in einer Beziehung zu begreifen, und das bereits zuvor beschriebene „Customer-Centric-Modell“ *McAlexanders et al.* neue Impulse für die Forschung. Weiterhin sind die Effekte emotionaler Verbundenheit mit der Gemeinschaft und die soziale Identität des Individuums wesentliche Determinanten des Verhaltens in einer Community. Basierend auf älteren Erkenntnissen stießen in den vergangenen Jahren insbesondere die Arbeiten von *Obst* zum „Sense of Community“ auf große Resonanz.[144] *Bagozzi* und *Dholakia* sowie *Koh* und *Kim* spezialisierten sich auf virtuelle Communities, in deren Rahmen Letztere ihre Überlegungen zu einem „Virtual Sense of Community“ vorstellten.[145] Somit offenbart sich auch eine weitere Unterscheidungsmöglichkeit, nämlich jene nach virtuellen und auf persönlichen Kontakt („face-to-face“) basierenden Communities. Der überwiegende Teil der Literatur befasst sich mit „realen“ Communities oder mit solchen, die sich sowohl online als auch persönlich austauschen.[146] *Muniz* und *Schau* publizierten 2005 zwar eine sich mit der rein virtuellen „Newton“-Community befassenden Studie vor, die allerdings auf den religiösen Aspekt des Produktes für seine Fans fokussiert und somit eher explorativen Charakter aufweist.[147]

Schließlich können die Studien zu Communities anhand ihres Bezugs auf Produktmarken einerseits (z. B. Saab[148], Pepsi/Coca-Cola[149]), und Dienstleistungsmarken (z. B. Star Trek[150]) andererseits differenziert werden.

---

[143] Vgl. bspw. Fournier (1999); Thorbjornsen et al. (2002); Aaker et al. (2004).
[144] Vgl. Obst et al. (2002); Obst/White (2004); Obst/White (2005).
[145] Vgl. Bagozzi/Dholakia (2002); Koh/Kim (2005).
[146] Vgl. bspw. McAlexander et al. (2002); Algesheimer (2004).
[147] Vgl. Muniz/Schau (2005).
[148] Vgl. Muniz/O'Guinn (2001).
[149] Vgl. Muniz/Hamer (2001).
[150] Vgl. Kozinets (2001).

Die vorliegende Untersuchung ordnet sich in die beschriebene Kategorie der Arbeiten ein, welche die psychologischen Prozesse im Individuum sowie den Einfluss gruppenbedingter Einflussgrößen und deren Zusammenhänge untereinander zu ergründen versuchen. Die Markenloyalität, auf deren Bedeutung für die Unternehmung bereits eingegangen wurde, ist im Kontext virtueller Brand Communities bislang nicht eingehend studiert worden. Anbieter können die Markenloyalität nicht unmittelbar beeinflussen, da es sich bei dieser Größe lediglich um eine Absichtsbekundung handelt. Daher interessieren die latenten Größen, die die Verhaltensabsicht beeinflussen. Die vorliegende Studie will einen Beitrag zum Erklärung der Markenloyalität leisten, wozu im folgenden Abschnitt zunächst die vermuteten Determinanten diskutiert werden sollen.

3. Konzeptualisierung eines Modells zur Erklärung von Markenloyalität in Brand Communities

3.1 Begründung für ein methodenpluralistisches Vorgehen

In der betriebswirtschaftlichen Forschung wird zur wissenschaftlichen Auseinandersetzung mit einer Fragestellung häufig auf eine Vielzahl theoretischer Modelle und Konzepte zurückgegriffen.[151] Das Ziel der Studie besteht in der Erweiterung des vorhandenen Verständnisses zum Phänomen Markenloyalität. Auf Basis theoretischer Konzepte werden Einflussgrößen identifiziert, da die Kenntnis der Ursachen für die gezielte Beeinflussung der Markenloyalität zwingend notwendig ist. Dabei erscheint es sinnvoll, zur Analyse des Phänomens auf mehrere theoretische Konzepte zurückzugreifen, da keine Theorie für sich alleine genommen die marketingrelevanten Aspekte des Untersuchungsobjektes und ihrer antezedenten Größen befriedigend zu erklären vermag.[152] Die im Rahmen dieser Untersuchung berücksichtigten Theorien ermöglichen ein umfassendes Verständnis der Markenloyalität in Brand Communities auf Basis der zugrunde liegenden Bestimmungsgrößen. Aufbauend auf diesem theoretischen Fundament folgt die Ableitung grundlegender Determinanten der Zielgröße, die im Anschluss zu einem Markenloyalitätsmodell zusammengeführt werden.

Grundlegend kann zunächst zwischen dem Beitrag der Einstellungskonzepte sowie dem der verschiedenen verhaltenswissenschaftlichen Theorien unterschieden werden. Zum Begriff der neueren Einstellungstheorien werden die Konzepte *Fishbeins* und *Ajzens* gezählt. Die Berücksichtigung von Einstellungskonstrukten verspricht zur Erklärung von loyalem Verhalten beizutragen, weil ihnen in zahlreichen Studien die Funktion als Prädiktor des menschlichen Verhaltens zugeschrieben wird.[153]

---

[151] Vgl. Helm (2000), S. 123.
[152] Vgl. Helm (2000), S. 123.
[153] Vgl. Meffert (1992), S. 55.

Unter dem Oberbegriff verhaltenswissenschaftlicher Ansätze werden sozialpsychologische Austauschtheorien zur Beschreibung der Vertrauensentstehung bemüht. In diesem Ansatz werden sowohl sozial als auch ökonomisch motivierte Überlegungen der Marktakteure in Bezug auf ihre Beziehung zueinander integriert. Sie basiert auf dem Tauschprinzip, nach dem keiner der Transaktionspartner bereit ist, längerfristig ein schlechteres Belohnungs-Bestrafungs-Verhältnis aufrechtzuerhalten als der andere.[154] Desweiteren werden zu den Verhaltenstheorien konsistenztheoretische Ansätzen gezählt. Die darunterfallende Theorie der kognitiven Dissonanz nach *Festinger* kann hinsichtlich der Abgabe von Empfehlungen zwischen den Akteuren einen möglichen Erklärungsbeitrag liefern. Der aus unterschiedlichen, untereinander inkonsistenten Kognitionen zustandekommende Spannungsstand führt zu Motivationstendenzen, die Dissonanz zu reduzieren. Die Informationsweitergabe stellt dabei eine zentrale Handlungsoption zur Dissonanzreduktion dar.[155]

Die sozialen Netzwerkansätze befassen sich mit der Erforschung des Verhaltens innerhalb von Beziehungssystemen. Hierbei steht nicht die individuelle Motivation, sondern vielmehr die „Makroebene" und damit die Stellung des Individuums innerhalb eines sozialen Netzwerkes im Mittelpunkt. Die zugehörige Bezugsgruppentheorie versucht dabei Determinanten und Folgen der Bewertungs- und Selbsteinschätzung zu klären, bei denen Individuen die Normen der Gruppe als Bezugsrahmen ihrer Vergleiche verwenden. Sie liefert durch die Entdeckung des Phänomens der Meinungsführerschaft einen wichtigen Beitrag zur Erklärung von Weiterempfehlungen.[156]

---

[154] Vgl. Homans (1961), S. 62.
[155] Vgl. Festinger (1957), S. 3.
[156] Vgl. Kroeber-Riel/Weinberg (2003), S. 518.

Weiterhin scheint für das Verständnis des Verhaltens in Brand Communities *Tajfels* Ansatz der sozialen Identität von Belang. Demzufolge ist die soziale Identität neben der personalen Identität ein konstitutives Element des Selbstkonzeptes. Für die Erklärung und Prognose von Intergruppenverhalten scheint jedoch lediglich die soziale Identität relevant zu sein. Diese ist stellt den Teil des Selbstkonzepts eines Individuums dar, der aus dessen Wissen über seine Zugehörigkeit zu einer sozialen Gruppe verbunden mit dem Wert und der emotionalen Bedeutung, die dieser Gruppenmitgliedschaft beigemessen werden, erwächst.[157]

Schließlich erscheinen die verhaltenswissenschaftliche Lerntheorie sowie die Risikotheorie geeignet, grundlegende Begründung für loyales Verhalten zu liefern. Die Lerntheorie geht davon aus, dass Verhaltensweisen eines Individuums, die mit positiven Konsequenzen verbunden sind, eine Verstärkung erfahren, sodass sie in Zukunft ähnlich handeln werden. Gemäß der Risikotheorie sind Individuen bestrebt, ihr auf der Unvollkommenheit des Wissens basierendes Risiko einer Enttäuschung bei einer Entscheidung dadurch zu reduzieren, dass sie bewährte, nicht mit negativen Erfahrungen belegte Handlungsoptionen wählen. Die Treue zu einer Marke kann somit zu einem Instrument der Risikoreduktion werden.[158]

3.2 Die neuere Einstellungstheorie als Grundlage zur Erklärung von Markenloyalität in Brand Communities

In der Konsumentenforschung hat der Einstellungsbegriff eine dominierende Stellung inne.[159] Es ist die Variable, die am häufigsten zur Erklärung des Verhaltens herangezogen wird.[160] Einstellungen sind hypothetische Konstrukte und somit nicht direkt messbar. Sie können lediglich aus dem beobachteten

[157] Vgl. Tajfel (1978), S. 63.
[158] Vgl. Homburg/Rudolph (1998), S. 47.
[159] Vgl. Kroeber-Riel/Weinberg (2003), S. 168.
[160] Vgl. Meffert (1992), S. 55.

Verhalten geschlossen werden. Die Einstellung vermittelt zwischen den Stimuli und bestimmten Reaktionen: Sie erklärt, weshalb ein Individuum unter der Einwirkungen bestimmter Reize spezifische Verhaltensweisen aufzeigt, d. h. weshalb Stimuli und Verhaltensweisen kovariieren.[161]

Eagly und *Chaiken* definieren die Einstellung folgendermaßen: „a psychological tendency that is expressed by evaluating a particular entity with some degree of favor or disfavor".[162] Diese Definition umfasst drei wesentliche Bestandteile: eine psychologische Tendenz, den kognitiven Prozess der Bewertung sowie das Vorhandensein eines Einstellungsobjektes. Der Ausdruck „psychological tendency" bezeichnet nach *Eagly* und *Chaiken* einen inneren Zustand einer Person, der mindestens eine kurze Zeit andauert. Der Begriff „evaluating" bezieht sich auf jede Art bewertender Reaktion. Diese kann positiv oder negativ, offen oder verdeckt, kognitiv, affektiv oder verhaltensbezogen sein. Ein Einstellungsobjekt („entity") kann alles sein, was eine Person wahrnehmen oder sich vorstellen kann, also Gegenstände, Personen, Gruppen, Verhaltensweisen, abstrakte Ideen oder auch Ideologien.[163]

Einstellungen sind in diesem Ansatz als Kombination aus kognitiven, affektiven und konativen (handlungsbezogenen) Reaktionen auf ein bestimmtes Bezugsobjekt konzeptualisiert. Die kognitive Komponente drückt die relativ dauerhaft ausgerichtete Bewertung eines Bezugsobjektes aus.[164] Die affektive Komponente enthält die mit der Einstellung verbundene gefühlsmäßige Beurteilung eines Objektes (z. B. Emotionen wie Liebe und Hass), die kognitive Komponente reflektiert das Wissen eines Individuums über das Einstellungsobjekt (z. B. Überzeugungen und Meinungen). Die konative

---

[161] Vgl. Kroeber-Riel/Weinberg (2003), S. 170.
[162] Eagly/Chaiken (1993), S. 268.
[163] Vgl. Bohner (1992), S. 267.
[164] Vgl. Kroeber-Riel/Weinberg (2003), S. 168 ff.

Komponente beschreibt eine mit der Einstellung verbundene Handlungsintention, aus der sich ein tatsächliches (overtes) Verhalten ableiten kann.

Diese drei Komponenten stehen untereinander nicht unbedingt im Einklang, so kann beispielsweise ein Angestellter seinen Vorgesetzten verachten, ohne ihm das zugehörige Verhalten zu zeigen, denn dies könnte zu negativen Konsequenzen für ihn führen.[165] In diesem Zusammenhang kritisiert *Fishbein*, dass die zur Erfassung verwendeten Skalen lediglich die affektive Einstellung erfassen und die beiden anderen Komponenten vernachlässigen.[166]

Eines der wichtigsten Modelle, die im Zuge der Bemühungen um einen verbesserten Erklärungszusammenhang entwickelt wurden, stammt von *Fishbein*. Sein Erwartungs·Wert-Modell besitzt eine große Bedeutung für die sozialpsychologische Einstellungsforschung.[167] Dem Modell liegt die Überlegung zu Grunde, dass sämtliche mit dem Einstellungsobjekt zusammenhängenden Attribute eine Bewertung durch das Individuum erfahren. Der Wert der Gesamteinstellung berechnet sich anschließend aus der Summe der bewerteten Objektmerkmale, wobei jeder Summand aus zwei Komponenten besteht, der Überzeugung, dass das Einstellungsobjekt eine spezifische Eigenschaft besitzt, sowie die Bewertung dieser Eigenschaft.[168]

Obgleich in der Folge in zahlreichen Studien die prinzipielle Eignung des Fishbein'schen Erwartungs·Wert-Modells zur Verhaltensprädiktion belegt werden konnte, kamen in anderen Studien Zweifel an der Aussagekraft der Einstellung für die Verhaltenvorhersage auf.[169] Zudem konnten neuere Forschungsergebnisse die Resultate von *LaPiere*, die auf eine schwache Korrelation zwischen Einstellung und Verhalten hinwiesen, nur teilweise

165 Vgl. Kroeber-Riel/Weinberg (2003), S. 54 f.
166 Vgl. Fishbein (1967), S. 479.
167 Vgl. Fishbein (1967).
168 Vgl. Magin (2003), S. 23.
169 Vgl. Wicker (1969) sowie Ajzen/Fishbein (1970).

bestätigen.[170] Es reifte die Erkenntnis, dass sich die Einstellung als Verhaltensprädiktor nur in engen Grenzen eignet. Daher formulierten *Fishbein* und *Ajzen* 1977 ihr sogenanntes Korrespondenzprinzip: „Attitudinal and behavioural entities may be viewed as consisting of four different elements: the *action*, the *target*, at which the action is directed, the *context* in which the action is performed, and the *time* at which it is performed."[171] Die Stärke des Zusammenhangs ist demnach dann besonders signifikant, wenn die Operationalisierung der Variablen den gleichen Grad der Spezifikation hinsichtlich dieser vier Aspekte aufweist. Da sich die bislang verwendeten, objektbezogene Einstellungen lediglich auf das Zielobjekt beziehen, während sich Einstellungen zum Verhalten hinsichtlich aller vier Korrespondenzaspekte spezifizieren lassen, modifizierten die Forscher ihr Modell und wählten die Einstellung zur Durchführung einer Handlung als Verhaltensprädiktor.[172]

Aus diesem modifizierten Erwartungs·Wert-Modell entwickelte sich die von ihnen entwickelte Theorie des überlegten Handelns, ein Modell, dass den zwischen Überzeugungen, Einstellungen und Verhalten bestehenden Wirkungszusammenhang besser erklären soll, wobei die Verhaltensabsicht als unabhängige Variable definiert wird.[173] Einstellungen gegenüber Gegenständen, Personen usw. thematisiert sie hingegen nicht explizit. Das Ziel der Theorie ist die Vorhersage von Verhalten. Als dessen einzige direkte Determinante wird die Intention einer Person, eine Handlung auszuführen oder nicht auszuführen, betrachtet. Somit ist die Absicht eines Individuums, eine bestimmte Handlung durchzuführen auch maßgeblich für sein overtes Verhalten. Zur Verhaltensprädiktion ist es deshalb unabdingbar, nach Faktoren zu suchen, die unmittelbar auf die Verhaltensabsicht einwirken. Die

[170] Vgl. Magin (2003) S. 24.
[171] Ajzen/Fishbein (1977), S. 889.
[172] Vgl. Braunstein (2001), S. 103 ff.
[173] Vgl. Ajzen/Fishbein (1975), S. 15.

Intention wird in der Theorie des überlegten Handelns von der Einstellung zum interessierenden Verhalten und der subjektiven Norm determiniert:[174]

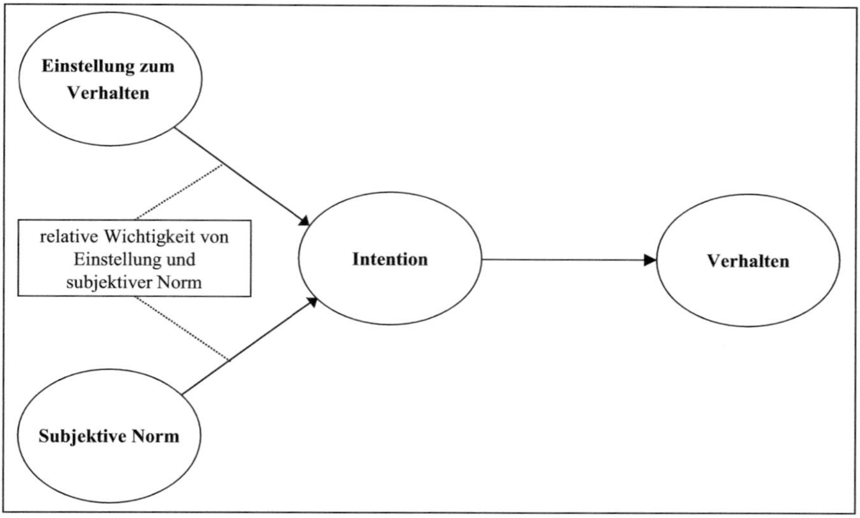

Abb. 05: Modell der Theorie des überlegten Handelns (TRA)
Quelle: In Anlehnung an Ajzen/Fishbein (1975), S. 16.

Die Theorie besagt, dass eine Person dann eine Verhaltensabsicht bildet, wenn sie selbst diese positiv bewertet und wenn sie glaubt, dass auch andere, für sie bedeutsame Personen es positiv bewerten würden, wenn sie dieses Verhalten zeigt.[175] Die subjektive Norm spiegelt somit den sozialen Druck der Bezugpersonen bzw. -gruppe auf die Verhaltensabsicht wider. Wie erinnerlich, wird als Referenz- oder Bezugsgruppe ein Kollektiv bezeichnet, das Maßstäbe der Bewertung und Orientierung für das eigene Handeln setzt.[176] Dies impliziert, dass ein Individuum sein Verhalten an der Zustimmung bzw. Ablehnung anderer Gruppen ausrichtet. Eine Bezugsgruppe gilt als relevant, sofern das Individuum dessen Präferenzen für ein bestimmtes Verhalten als wichtig erachtet. Die Gewichte der beiden Determinanten der Intention können

[174] Vgl. Ajzen/Fishbein (1975), S. 16.
[175] Vgl. Ajzen/Fishbein (1980), S. 57.
[176] Vgl. Meffert (1971), S. 341.

dabei über Situationen hinweg variieren und sind folglich nur empirisch bestimmbar.[177]

Das Konzept basiert auf dem Verständnis des Menschen als begrenzt rationalem Entscheider, dem nur eine limitierte Anzahl an Informationen zur Verfügung steht. Sein Wissen nutzt der Mensch systematisch zur Beurteilung der möglichen Konsequenzen seines Handelns, woraufhin er sich wiederum stützt, um sich für oder gegen eine Handlungsalternative zu entscheiden.[178] Verhalten erfolgt demnach nicht unkontrolliert, sondern immer unter willentlicher Kontrolle.

Die Theorie des überlegten Handelns ist in zahlreichen empirischen Untersuchungen überprüft und mehrheitlich bestätigt worden. So untersuchten bspw. *Ajzen* und *Fishbein* in einer Studie berufliche Orientierung von Frauen, Konsumverhalten, Gewichtsabnahme und Familienplanung, *Dohl* und *Orth* beschäftigten sich mit der Empfängnisverhütung.[179] Die Theorie gestattet gute Verhaltensprognosen in unterschiedlichsten Bereichen menschlichen Verhaltens. Allerdings gelangt sie an ihre Grenzen, wenn zwischen der Messung der Intention und des tatsächlichen Verhaltens zu viel Zeit vergeht und wenn das tatsächliche Verhalten nicht vollständig unter willentlicher Kontrolle steht.[180] Willentliche Kontrolle bedeutet hierbei, dass eine Person ein Verhalten auch tatsächlich ausführen kann, wenn sie dies nur will. Demnach führen Verhaltensweisen, die von anderen Personen abhängen oder für die besondere Kenntnisse des Individuums erforderlich sind, nicht zur Intentionsbildung. Diese Annahme von *Ajzen* und *Fishbein* erscheint zweifelhaft, denn wenn die willentliche Kontrolle eines Verhaltens eingeschränkt ist, sagt eine Intention nicht mehr das Verhalten selbst, sondern nur noch den Versuch,

---

[177] Vgl. Eagly/Chaiken (1993), S. 169.
[178] Vgl. Braunstein (2001), S. 107.
[179] Vgl. Ajzen/Fishbein (1980); Doll/Orth (1993).
[180] Vgl. Herkner (2001), S. 216 f.

dieses auszuführen, voraus. Der Geltungsbereich der Theorie wird hierdurch stark eingeschränkt.[181]

Ausgehend von der Kritik an der Singularität der Handlungsintention als Verhaltensprädiktor im Modell des überlegten Handelns modifizierte *Ajzen* das Modell und erweiterte es um die wahrgenommene Verhaltenskontrolle.[182] Diese Variable beschreibt die Einschätzung des Individuums, wie gut es Handlungen, die die Situation erfordert, auch tatsächlich durchführen kann.[183] Inwiefern eine Person tatsächlich ein Verhalten durchführen kann, hängt ihm zufolge von der tatsächlichen Verhaltenskontrolle ab, dessen Umfang aber vom Individuum unter Umständen anders beurteilt wird, als er in Realität ist.[184]

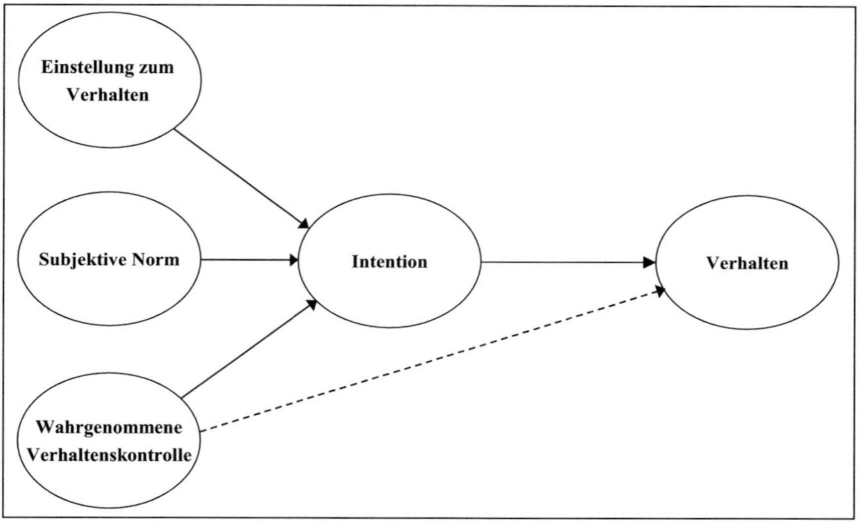

Abb. 06: Modell der Theorie des geplanten Verhaltens (TPB)
Quelle: In Anlehnung an Ajzen/Fishbein (1991), S. 182.

---

181 Vgl. bspw. Braunstein (2001), S. 122.
182 Vgl. Ajzen (1985), S. 11 f. sowie Ajzen (1991), S. 181 ff.
183 Vgl. Magin (2003), S. 38.
184 Vgl. Ajzen (1985), S. 29.

Demnach wirkt die wahrgenommene Verhaltenskontrolle neben Einstellung und subjektiver Norm direkt auf die Intention und kann in dem Fall, in dem sie gut mit der tatsächlichen Kontrolle übereinstimmt (eine Person das Ausmaß ihrer tatsächlichen Verhaltenskontrolle also realistisch beurteilt), das Verhalten auch auf direktem Wege beeinflussen.

Demzufolge ergibt sich die wahrgenommene Verhaltenskontrolle aus der Produktsumme von Kontrollüberzeugungen und der Stärke der jeweiligen Kontrollfaktoren.[185] Wie schon die Theorie des überlegten Handelns ist auch die Theorie des geplanten Verhaltens vielfach empirisch bestätigt worden.[186] Deshalb kann für die vorliegende Studie angenommen werden, dass Einstellungen zum Verhalten einen Einfluss auf die Kaufabsicht des Individuums implizieren:

H_1: Je positiver die Einstellung zum Kaufverhalten, desto größer ist die Absicht, einen Kauf zu tätigen.

Es liegt weiterhin nahe, die Bedeutung des intergruppalen Drucks auf die intendierte Kaufhandlung einzuflechten, da dieser insbesondere in den durch Verhaltensnormen und durch eine gemeinsame Identität geprägten Communities einen gewichtigen Einfluss haben dürfte.[187] Eine langfristig befriedigende Partizipation an der Brand Community ohne Kauferfahrungen mit der Bezugsmarke gemacht zu haben, ist für das einzelne Mitglied kaum denkbar. Die wahrgenommene Erwartungshaltung der Gemeinschaft sollte die Verhaltensabsicht des Einzelnen beeinflussen und führt daher zur Aufstellung der folgenden Hypothese:

---

[185] Vgl. Ajzen (1991), S. 196.
[186] Vgl. stellvertretend Bamberg/Lüdemann (1996), S. 25 ff.; Godin/Kok (1996), S. 87 ff.; Herkner (2001), S. 22.
[187] Vgl. zu den Charakteristika von Communities Kapitel 2.1.1

H_2: Je größer die subjektive Norm, desto größer ist die Kaufintention.

Externe und interne Faktoren, die die Ausführung des Verhaltens begünstigen bzw. behindern können, und die sich der willentlichen Kontrolle der Individuen entziehen, werden in der wahrgenommenen Verhaltenskontrolle berücksichtigt. Dabei geht es nicht um reale oder existierende Hindernisse, sondern um die subjektive Bewertung dieser Einflussfaktoren durch das Individuum. Je besser diese jedoch die realen Verhältnisse widerspiegelt, desto präziser ist die Verhaltensvorhersage.[188] Zu den internen Faktoren zählen Informationsstand, Fähigkeiten, Wille und Selbstdisziplin. Zu den externen Faktoren zählen die Verfügbarkeit notwendiger Hilfsmittel, die Gelegenheit zur Ausführung des Verhaltens sowie die Kooperation anderer Personen. Hier wird deutlich, dass den situativen Gegebenheiten eine tragende Rolle bei der Umsetzung des Verhaltens zukommt. Insbesondere die Kooperation der sozialen Umwelt, die sich in Brand Communities durch die moralische Verantwortung gegenüber anderen Mitgliedern manifestiert, erscheint bedeutend und veranlasst zu folgender Hypothese:

H_3: Je größer die wahrgenommene Verhaltenskontrolle, desto größer ist auch die Absicht des Individuums, einen Kauf der Marke durchzuführen.

Es lässt sich zusammenfassend sagen, dass die Theorie des geplanten Verhaltens bessere Verhaltensprädiktionen erlaubt als die Theorie des überlegten Handelns, sofern das Individuum nicht über eine vollständige Verhaltenskontrolle verfügt.[189] Obwohl die in Studien erzielten empirischen Ergebnisse vielversprechend erscheinen, stellt *Ajzen* selbst zur Vervollständigung seines Modells eine Erweiterung um modellexterne Variablen zur

188 Vgl. Ajzen (1991), S. 184.
189 Vgl. Magin (2003), S. 41.

Diskussion.[190] Daher erscheint im Weiteren eine Beschäftigung mit Modifikationen bzw. Erweiterungen des Modells sinnvoll, da sie für eine präzisere Verhaltensprädiktion Relevanz besitzen könnten. Da das TPB-Modell sich aber trotz teilweise geringer Zusammenhänge über verschiedene Anwendungsbereiche hinweg bewährt hat, wird es als Grundlage für die vorliegende Untersuchung eingesetzt.

3.3 Implikationen der Austauschtheorien zur Erklärung des Markenvertrauens

Zu den Kritikpunkten an der Theorie des geplanten Verhaltens zählt die Annahme von *Ajzen* und *Fishbein*, externe Variablen könnten keinen unmittelbaren Einfluss auf die Einstellung, die subjektive Norm, die Intention und letztlich das Verhalten ausüben. Dies könne allenfalls indirekt durch die Überzeugungen und Bewertungen sowie die Gewichtungen von Einstellung und subjektiver Norm geschehen.[191] Zu den externen Einflussfaktoren werden bspw. demographische Aspekte, Persönlichkeitsmerkmale, das Involvement des Handelnden und die Einstellung zum Objekt gezählt.[192]

Die Autoren postulieren die Vorteilhaftigkeit der Einstellung gegenüber dem Verhalten über der Einstellung gegenüber dem Objekt als Verhaltensprädikator und begründen dies mit dem Korrespondenzprinzip. Desweiteren sehen die Forscher in der positiven Einstellung gegenüber dem Objekt zwar häufig die Voraussetzung einer positiven Einstellung gegenüber dem Verhalten, dennoch handelt es sich ihrer Meinung nach nicht um eine notwendige Relation. Dass die Bewertung der beiden Einstellungskonstrukte auch voneinander abwei-

---

190 Vgl. Ajzen (1991), S. 198 ff.
191 Vgl. Eagly/Chaiken (1993), S. 172 ff.
192 Vgl. Ajzen/Fishbein (1980), S. 82.

chen kann, führen *Ajzen* und *Fishbein* auf die verschiedenen, dem jeweiligen Konstrukt zugrunde liegenden, salienten Überzeugungen zurück.[193]

Diese Annahme kritisiert insbesondere *Fazio.* Er sieht den Grund für die Überlegenheit der objektbezogenen Einstellung bei der Verhaltensprädiktion in der einfacheren kognitiven Zugänglichkeit im Vergleich zur Einstellung zum Verhalten.[194] Diese vereinfachte Zugänglichkeit führt dazu, dass bestimmte Reize die Einstellung zum Objekt im Gedächtnis automatisch aktivieren. *Bamberg* konnte in Studien nachweisen, dass die Integration der Einstellung zum Objekt als zusätzliche Determinante der Intention eine deutlich verbesserte Verhaltensprädiktion gewährleisten kann.[195] Es erscheint somit sinnvoll, das Modell um die Einstellung zum Objekt als Determinante der Verhaltensintention zu ergänzen.

Im Rahmen des in Kapitel 2.2.2 dokumentieren Wandels vom Transaktions- zum Beziehungsmarketings und den damit verbundenen Kundenbindungskonzepten wird in den letzten Jahren vor allem dem Vertrauenskonzept ein wichtiger Stellenwert beigemessen.[196] So belegen zahlreiche empirische Untersuchungen die zentrale Bedeutung des Vertrauens in Kundenbeziehungen.[197] *Morgan* und *Hunt* definieren es als „confidence in the exchange partner's reliability and integrity"; sie ist „the perception of confidence in the partner's reliability and integrity".[198] Die Existenz von Vertrauen ist in wirtschaftlichen Relationen ein notwendiger Bestandteil für das Fortbestehen von Geschäftsbeziehungen sowie für die Stabilität von Organisationsstrukturen. Das Vertrauen stellt ein konstitutives Merkmal zahlreicher Organisationsgestaltungen dar, z. B. bei Netzwerkorganisationen oder virtuellen

[193] Vgl. Ajzen/Fishbein (1980), S. 159 ff.
[194] Vgl. Fazio (1990), S. 75 ff.
[195] Vgl. grundsätzlich Bamberg/Lüdemann (1996).
[196] Vgl. Lorbeer (2003), S. 4.
[197] Vgl. bspw. Diller/Kusterer (1988), S. 211 ff.; Morgan/Hunt (1994), S. 20 ff.
[198] Morgan/Hunt (1994), S. 23.

Unternehmen. Insbesondere bei dezentralen Organisationen mit flachen Hierarchien sowie reduzierten Kontroll- und Überwachungsinstrumenten kommt dem Vertrauen als stabilisierende und verknüpfende Größe eine entscheidende Relevanz zu.[199]

Vertrauen hat seinen Ursprung in einzelnen Individuen oder in einer Gruppe von Personen; dabei ist das entgegengebrachte Vertrauen auch immer auf ein Bezugsobjekt ausgerichtet.[200] Die Definition des Bezugsobjektes lässt sich von der Personen- auf die Sachebene abstrahieren, d. h., neben Personen können bspw. auch Unternehmen und Marken zu Bezugsobjekten des Vertrauens werden.[201] Zunächst soll mit der Austauschtheorie ein theoretischer Erklärungshintergrund für die Bindung von Mensch und Marke geliefert werden, bevor auf die zugrunde liegenden Entstehungs- und Entwicklungsmechanismen des Markenvertrauens eingegangen wird.

Die sozialpsychologischen Austauschtheorien befassen sich mit der Frage des Beginns, der Fortführung und der Beendigung sozialer Beziehungen. Grundgedanke der Austauschtheorien ist, das soziale Beziehungen nur dann von Dauer sind, wenn sie von allen Parteien als nutzenstiftend angesehen werden. Austauschprozessen liegt dabei das Ziel der Gleichheit zugrunde, welches auf dem Gleichgewicht von Anreiz und Beitrag basiert.[202] Das soziale Verhalten kann also – ähnlich einer ökonomischen Transaktion – als Austausch von Belohnungen (Nutzen) und Bestrafungen (Kosten) interpretiert werden.[203] Eine dauerhafte Beziehung wird durch ein für alle Akteure zufriedenstellendes Kosten-Nutzen-Verhältnis begründet und gesichert. Mit dem Kauf einer Marke sind für den Konsumenten gewisse Leistungserwartungen verbunden, welche bspw. durch die Werbung des Anbieters suggeriert

[199] Vgl. Handy (1995), S. 44 ff.
[200] Vgl. Lorbeer (2003), S. 12.
[201] Vgl. Luhmann (2000), S. 34.
[202] Vgl. Homans (1961), S. 72 ff.
[203] Vgl. Kroeber-Riel/Weinberg (2003), S. 477.

werden. Erwartet der Konsument, dass sich die Marke als Austauschpartner in der Transaktion vertrauenswürdig verhalten wird, so geht er definitionsgemäß davon aus, dass diese auch eine bestimmte Leistung erbringen und sein entgegengebrachtes Vertrauen erfüllen wird, anstatt sich opportunistisch zu verhalten. Werden durch den Kauf der Marke bestimmte Leistungserwartungen erfüllt, hat die Marke ihre Vertrauenswürdigkeit bewiesen. Die Höhe des Markenvertrauens ist dabei von den gewonnenen Erfahrungen aus den Interaktionen abhängig.[204]

Es herrscht in der Forschung Einigkeit darüber, dass dem Vertrauen eine Einstellungs- und Verhaltenskomponente zugeschrieben werden kann.[205] Die Existenz von Vertrauen setzt eine Erwartung voraus, bei der sich zur objektbezogenen Einstellung ein auf ihr basierendes Verhalten gesellt, also eine gewisser Vertrauensbeweis zugunsten des Vertrauensobjektes erfolgt. Wie bereits dargelegt, fördert die Analyse der Einstellung eine affektive (gefühlsmäßige Einschätzung), kognitive (subjektives Wissen) und konative (Verhaltensabsicht) Komponente zu Tage.[206] Auf den Kontext des Vertrauenskonzeptes übertragen bedeutet dies, dass das Individuum das Vertrauensobjekt, in der vorliegenden Untersuchung die Marke, hinsichtlich der Bereitschaft und Befähigung beurteilt, eine bestimmte Leistung zu erfüllen. Dabei stützt sich die Evaluation auf direkte und indirekte Erfahrungen mit dem Vertrauensobjekt und spiegelt sich in affektiven, kognitiven und konativen Erfahrungen wider.[207] Auf diese Überlegungen gestützt soll das Vertrauen zur Marke in dieser Studie als Ausdruck der objektbezogenen Einstellung interpretiert werden.

---

[204] Vgl. Lorbeer (2003), S. 5.
[205] Vgl. Lorbeer (2003), S. 16.
[206] Vgl. Meffert (1992), S. 56.
[207] Vgl. McAllister (1995), S. 24 ff.

Zur Erklärung des Vertrauensbildungsprozesses ist zunächst auf die oben diskutierten Bestandteile der Einstellung einzugehen. Insbesondere den kognitiven und affektiven Prozessen kommt dabei eine tragende Bedeutung zu. So findet sich in der Literatur eine Trennung zwischen der kognitiven Komponente, verstanden als kalkuliertes, risikoabwägendes Vertrauen und dem persönlichem, leidenschaftlichen Vertrauen wieder, das auf affektiv-emotionaler Basis entsteht.[208] Es erscheint jedoch wenig sinnvoll, diese Prozesse völlig losgelöst voneinander zu betrachten, da der Vertrauensbildungsprozess situationsabhängig ist und auf beiden Komponenten basiert. Aus diesem Grund lehnen bspw. *Kroeber-Riel* und *Weinberg* diese dualistische Betrachtungsweise ab.[209]

Im Prozess der Vertrauensbildung wird die Erwartung an ein Bezugsobjekt, eine bestimmte Leistung zu erbringen und sich nicht opportunistisch zu verhalten, Vertrauenserwartung genannt. Die kognitive Komponente der Vertrauensbildung beruht auf der rationalen Einschätzung der Leistungsfähigkeit und Leistungsbereitschaft des Vertrauensobjektes, im vorliegenden Fall der Marke.[210] Aufgrund der Unvollkommenheit des Wissens werden dabei zur Bewertung der Vertrauenswürdigkeit eines Objektes relevante Informationen herangezogen. Diese lassen sich hinsichtlich des Inhalts und der Quelle aufgliedern. Informationsinhalt meint dabei den Grad der Vertrauenserfüllung, den ein bestimmtes Vertrauensobjekt in der Vergangenheit durch sein Verhalten erreicht hat, sowie die Erwartung an seine zukünftige Verhaltenskonsistenz.[211]

Hinsichtlich der Informationsquellen kann zwischen dem Wissen aus persönlichen Interaktionserfahrungen und zwischen dem Wissen aus abgegebenen

[208] Vgl. McAllister (1995), S. 49.
[209] Vgl. Kroeber-Riel/Weinberg (2003), S. 369 f.
[210] Vgl. Lewis/Weigert (1985), S. 970.
[211] Vgl. Rempel et al. (1985), S. 97.

Urteilen anderer Individuen unterschieden werden. Dabei sind indirekt aufgenommene Informationen, welche bspw. in der Mund-zu-Mund-Propaganda übermittelt werden, zwar für die Vertrauensbildung weniger wirksam als eigene Interaktionserfahrungen mit dem Objekt, allerdings merken *Lewis* und *Weigert* an, dass die Vertrauenserwartung nicht allein mit der kognitiven Komponente begründet werden kann, da ein Individuum niemals über vollkommenes Wissen verfügt.[212] Daraus resultiert eine Unsicherheit hinsichtlich des Vertrauens, die nicht auf kognitiver Ebene verringert werden kann. Vielmehr bedarf es dazu der affektiven Komponente, indem sie ein subjektives Gefühl der Sicherheit bietet, dass das Vertrauensobjekt eine bestimmte Leistung erfüllen wird. Auch das emotionale Sicherheitsgefühl nährt sich aus Einschätzungen vergangener Erfahrungen, die im Gegensatz zum kognitiven Prozess nicht auf Überlegungen, sondern auf Empfindungen beruhen.[213]

Dabei stellen nach *Lazerle* und *Houston* die Aspekte Wohlwollen und Ehrlichkeit zentrale Elemente der emotionalen Bindung dar. Ehrlichkeit bezieht sich dabei auf die Zuversicht in die Integrität und Zuverlässigkeit des Austauschpartners. Wohlwollen beinhaltet dabei den Glauben, dass der Partner ein ehrliches Interesse an dem Wohlbefinden des anderen hat.[214] Diese affektive Vertrauenskomponente erfordert, wie ähnliche emotionale Bindungen (z. B. Liebe, Freundschaft) bedeutende emotionale Investionen, die allerdings dem Risiko des Missbrauchs oder Bruchs ausgesetzt sind. Der affektiven Komponente kommt dafür in engen und lang andauernden Beziehungen eine besondere Intensität zu. Bei einem konsistenten Markenkaufverhalten des Individuums wird das emotionale Element eine immer bedeutendere Rolle bei der Bildung von Vertrauen zur Marke spielen.[215] Zusammenfassend kann daher gesagt werden, dass sich kognitive und affektive Elemente bei der

---

[212] Vgl. Lewis/Weigert (1985), S. 971.
[213] Vgl. Rempel et al. (1985), S. 97 f.
[214] Vgl. Larzelere/Huston (1980), S. 596.
[215] Vgl. Lewis/Weigert (1985), S. 971.

Vertrauensbildung ergänzen. Wissen und Emotionen aus vergangenen Erfahrungen mit dem Kauf, die sich in der kognitiven und affektiven Komponente der Einstellung zum Kauf wiederfinden, wirken auf den Prozess der Vertrauensbildung ein. Erwartet z. B. ein Brand Community-Mitglied durch den Kauf „seiner" Marke eine bestimmte Leistung, welche von dieser in der Folge befriedigt wird, steigt sein Vertrauen in die Marke. Diese Überlegungen führen für die vorliegende Untersuchung zu der Hypothese:

> H_4: Je positiver die Einstellung zum Kauf der Marke, desto größer das Vertrauen in die jeweilige Marke.

Wohlwollen und Ehrlichkeit als Aspekte des Vertrauens beinhalten den Glauben, dass die Marke, verstanden als Partner, ein ehrliches Interesse am Wohlbefinden des Anderen hat. Der Verbraucher setzt sich beim Konsum einer Marke einem Risiko aus. Markenvertrauen ist demnach die wahrgenommene Sicherheit des Konsumenten, dass die Marke seine Erwartungen erfüllen wird. *Pavlou* konnte nachweisen, dass Vertrauen und positive Einstellung zum Anbieter Auswirkungen auf die Reduktion des wahrgenommenen Risikos bzw. die Gefahr eines opportunistischen Verhaltens des Anbieters reduzieren.[216] Er postuliert: "Trust reduces behavioural uncertainty related to the actions of the (...) retailer, giving a consumer a perception of some control over a potentially uncertain transaction."[217]

Ein Kunde wird eine Transaktion eher realisieren, wenn er ein geringes Risiko vermutet, da sich seine Handlungskomplexität reduziert und er zukünftiges Verhalten besser evaluieren kann.[218] Handlungsoptionen und Konsequenzen des geplanten Verhaltens werden klarer wahrnehmbar, das subjektive Gefühl der Kontrolle über das eigene Tun steigt. Auf Basis dieser Argumentation soll

---

[216] Vgl. Delgado-Ballester/Munuera-Aléman (2001), S. 1242.
[217] Pavlou (2003), S. 75.
[218] Vgl. Vollmer (2002), S. 75.

in Anlehnung an *Pavlou* ein unmittelbarer Einfluss des Markenvertrauens auf die wahrgenommene Verhaltenskontrolle postuliert werden:

> H_5: Je größer das Markenvertrauen, desto stärker erscheint dem Individuum die Kontrolle über das intendierte Kaufverhalten.

Vertrauen ist als Einflussvariable und Ergebnis dauerhafter Beziehungen allgemein anerkannt.[219] Die Marke versichert dem Käufer einerseits, dass der Anbieter sowohl die Fähigkeit (aufgrund seiner Kompetenz) als auch die Bereitschaft (aufgrund seines Wohlwollens) hat, die erwarteten Produkt- oder Dienstleistungseigenschaften befriedigend anzubieten. Aus austauschtheoretischer Sicht führen befriedigte Leistungserwartungen beim Konsumenten zu Zufriedenheit und Vertrauen in die Marke. Die Höhe des Markenvertrauens gibt Aufschluss über die Bewertung einer Marke im Hinblick auf deren konkrete Eigenschaften. Auf den vorliegenden Kontext bezogen bedeutet das: Je häufiger ein Brand Community-Mitglied positive Erfahrungen mit „seiner“ Marke gesammelt hat, desto größer ist das Markenvertrauen. Nur durch das Vertrauen in die Marke kann der Konsument das wahrgenommene Risiko beim Entscheidungsprozess sowie die Gefahr eines opportunistischen Verhaltens des Anbieters reduzieren.[220]

Lau und *Lee* postulieren: „When a consumer places his or her trust in a brand, and shows a willingness to rely on that brand, that consumer is also likely to form a positive buying intention towards the brand.“[221] Der empirischen Überprüfung durch das Autorengespann konnte der Kausalzusammenhang standhalten. Er wird daher auf den Kontext von Brand Communities übertragen:

[219] Vgl. bspw. Dywer et al. (1987); Moorman et al. (1993); Morgan/Hunt (1994).
[220] Vgl. Delgado-Ballester/Munuera-Aléman (2001), S. 1242.
[221] Lau/Lee (1999), S. 34.

> H_6: Je bedeutender das Vertrauen in die Marke, desto größer ist die Absicht des Individuums, dieser Marke gegenüber loyal zu sein.

Markenvertrauen entsteht durch den direkten und indirekten Kontakt mit der Marke. In einer Brand Community ist die Relevanz der Marke unumstritten. Es werden immer wieder Markengeschichten erzählt und Erfahrungen weitergegeben, welche die kognitive Komponente des Vertrauens beeinflussen. Angesichts der intensiven emotionalen Bindungen zur Marke und Brand Community, die sogar religiöse Ausmaße annehmen kann, sind darüber hinaus starke Auswirkungen auf das affektive Element im Prozess der Vertrauensbildung zu erwarten.[222] Die positiven markenbezogenen Erfahrungen und das der Marke entgegengebrachte Vertrauen anderer Brand Community-Mitglieder, beeinflussen das Markenvertrauen eines jeden Mitglieds. Die folgende Hypothese soll deshalb in dieser Untersuchung Berücksichtigung finden:

> H_7: Je stärker das Gemeinschaftsgefühl mit der Brand Community, desto größer wird das Vertrauen in die Marke sein.

Um Klarheit über die Dimensionalität von Vertrauen zu erlangen, haben zahlreiche Autoren anhand separater Sub-Skalen versucht, unabhängige Bestandteile des Vertrauens zu identifizieren. *McAllister* untersuchte kognitive und affektive Komponenten, *Ganesan* und *Hess* identifizierten Glaubwürdigkeit und Wohlwollen als Faktoren.[223] Die Resultate der Studien mit mehrdimensionalen Operationalisierungen konnten allerdings keine signifikanten Verbesserungseffekte hervorbringen.[224] Problematisch ist bei der heterogenen Operationalisierung des Vertrauensbegriffs auch die Tatsache, dass Antezedenzen, die stark mit dem Vertrauenskonstrukt korrelieren, in die

[222] Vgl. Muniz/Schau (2005), S. 737 ff.
[223] Vgl. McAllister (1995), S. 24 ff.; Ganesan/Hess (1997), S. 439 ff.
[224] Vgl. Ganesan/Hess (1997), S. 446.

Operationalisierung hineingezogen werden. Dadurch werden einerseits möglicherweise Ergebnisse verzerrt, andererseits durch die Operationalisierung mit Items anderer Konstrukte falsche, der Realität nicht entsprechende Beziehungen geschaffen.[225] Da bislang alle Versuche gescheitert sind, das Vertrauen mit Teilkonstrukten zufriedenstellend zu operationalisieren, wird es im Folgenden in Anlehnung an die Mehrheit der Studien eindimensional mit der Dimension Vertrauen im Sinne von Vertrauenswürdigkeit bzw. Integrität operationalisiert.[226]

3.4 Die Theorie der kognitiven Dissonanz und Bezugsgruppenkonzepte als Erklärungsgrundlage für die Abgabe von Weiterempfehlungen

Die Vorstellung, zufriedene Kunden als Multiplikatoren für die eigenen Leistungen zu gewinnen und durch deren Weiterempfehlungen über praktisch kostenlose Werbeträger zu verfügen, scheint vielen Unternehmen eine reizvolle Alternative zu klassischen Werbeformen zu sein. Es verwundert daher nicht, dass die persönliche Kommunikation schon Gegenstand zahlreicher theoretischer und empirischer Analysen war.[227]

Im Verständnis von *Anderson* ist Weiterempfehlung als eine informale und zwischenpersönliche Form der Kommunikation bezüglich einer Marke, eines Produktes, einer Dienstleistung oder Organisation zwischen einem Kommunikator und Rezipienten aufzufassen.[228] Die Motivation für die Aufnahme und Weitergabe von Informationen liegt im Interesse des Empfängers an der Person des Senders begründet und an der Überzeugung, dass dessen Erfahrungen entscheidungsrelevant sind. Die Relevanz der Weiterempfehlungen für den ökonomischen Erfolg einer Marke ist vielfältig:

---

[225] Vgl. Gehrer (2005), S. 156.
[226] Vgl. bspw. Morgan/Hunt (1994); McAllister (1995); Sirdeshmukh et al. (2002).
[227] Vgl. bspw. Bone (1992); Bansal/Voyer (2000); Helm (2000); Harrison-Walker (2001).
[228] Vgl. Anderson (1998), S. 5 ff.

- Es konnte belegt werden, dass Weiterempfehlungen einen starken unmittelbaren Einfluss auf die Einstellung wie auch auf das Kaufverhalten haben. Die Meinung zufriedener Kunden kann die Kaufentscheidung anderer beeinflussen, insbesondere bei komplexen Produkten und Dienstleistungen. Somit wirkt sich die Zufriedenheit eines Kunden nicht nur auf seine eigene Beziehung zum Anbieter, sondern auch die anderer Konsumenten aus.[229] Hier spiegeln sich die zuvor beschriebenen Beziehungskonzepte wider, die den Konsumenten in einem Beziehungsnetzwerk von anderen Konsumenten und dem Anbieter sehen.
- Durch moderne Kommunikationstechnologien ist eine ungleich raschere Informationsdiffusion unter Kunden möglich geworden, die Empfehlungen zu verschiedensten Produkt- und Branchenbereichen ortsunabhängig verfügbar macht.[230]
- Klassische Werbung verliert immer stärker an Wirkung, die u. a. auf eine wachsende Skepsis der Konsumenten gegenüber werblicher Kommunikation zurückzuführen ist. Die Informationsüberflutung (information overload) in der Werbung ist so erheblich, dass 95% der Informationen unbeachtet bleiben.[231] Diese Tendenz wird in den nächsten Jahren durch den technologischen Fortschritt und dem damit einhergehenden zusätzlichen Informationsangebot noch verstärkt. Konzepte, die außerhalb der klassischen Werbung wirken, sind also gefragt, wenn der Kunde erreicht werden soll.

Weiterempfehlung kann sich in positiver und negativer Mundwerbung äußern, wobei Berechnungen auf Basis des Deutschen Kundenbarometers ergeben haben, dass unzufriedene Käufer nahezu doppelt soviel Kaufwarnungen aussprechen wie zufriedene Käufer positive Empfehlungen weitergeben.

[229] Vgl. Bansal/Voyer (2000), S. 166 ff.
[230] Vgl. Helm (2000), S. 4.
[231] Vgl. Kroeber-Riel/Weinberg (2003), S. 90.

Positive Mund-zu-Mund-Propaganda enthält demnach Informationen über zufriedenstellende Leistungen des Anbieters, in der negativen Mundwerbung werden vom Käufer wahrgenommene Defizite thematisiert.[232]

Einerseits kann interpersonelle Kommunikation ein Mechanismus zur Ausübung informationellen und normativen Einflusses auf die Produktbewertung und die Kaufabsicht anderer Kunden sein und somit Einfluss auf den Kaufentscheidungsprozess anderer nehmen.[233] Andererseits bietet diese Kommunikationsform aber auch die Möglichkeit zum Ausdruck der Zufriedenheit bzw. Unzufriedenheit nach erfolgtem Kauf. Weiterempfehlungen können demnach als Determinante des Kaufentscheidungsprozesses (pre-decision) oder als Resultat eines Kaufprozesses (post-decision) untersucht werden.[234]

Abb. 07: Kundenempfehlungen als Input und Output des Kaufprozesses
Quelle: In Anlehnung an Cornelsen/Schober (1997), S. 4.

Die bisherigen Studien konzentrieren sich überwiegend auf die Wirkung erhaltener Weiterempfehlungen. Wenig erforscht ist bisher der Kommunikator und seine Motivation zur Mundwerbung, obwohl dieser doch ein „key player in the promotion of the firm“[235] ist. Im Folgenden sollen daher einige theoretische Erklärungsansätze der Motivation zur Abgabe von Weiterempfehlungen erläutert werden.

---

[232] Vgl. Stauss/Seidel (1998), S. 247 ff.
[233] Vgl. Helm (2000), S. 32.
[234] Vgl. Diller (1995), S. 42.
[235] Harrison-Walker (2001), S. 61.

Zur Explikation der Rolle von Weiterempfehlungen in Communities kann das Bezugsgruppenkonzept herangezogen werden. Dieses Konzept, dass zu den sozialen Netzwerkansätzen zählt, beleuchtet das Verhalten des Einzelnen nicht auf individueller Ebene, sondern im Kontext seiner sozialen Umwelt. Soziale Netzwerktheorien sind an der Erforschung der Ausbreitung von Informationen innerhalb von sozialen Beziehungsnetzwerken interessiert. Grundlegender Gedanke ist, dass es zum Verständnis des Weiterempfehlungsverhaltens nicht nur notwendig ist, die individuelle Motivation zu betrachten, sondern auch die Stellung des Individuums innerhalb seines sozialen Netzwerks zu analysieren. *Katz* und *Lazarsfeld* konnten in einer der ersten Studien zu Bezugsgruppen nachweisen, dass der amerikanische Präsidentschaftswahlkampf von 1940 weniger durch den direkten Einfluss der Massenmedien, sondern vielmehr durch persönliche Kommunikation entschieden wurde.[236]

Soziale Einheiten können nach dem Bezugsgruppenkonzept einen Einfluss in Richtung gruppenkonformes Verhalten ausüben. Menschen vergleichen sich hinsichtlich ihrer Meinungen und Urteile mit anderen und orientieren ihr Verhalten an deren Einschätzungen. Diese Referenzpunkte, die beim Prozess der Meinungs- und Urteilsbildung als Maßstab dienen, werden als Bezugsgruppen bezeichnet. Je deutlicher der Wunsch des Individuums nach Konformität ist, desto stärker ist die Beeinflussung durch Empfehlungen und desto häufiger werden diese auch aktiv eingeholt.[237] Dieser Wirkmechanismus kann sich in positiven wie negativen Konsequenzen äußern oder auch bloß aus der Empfehlung eines bestimmten Verhaltens bestehen.

Es lässt sich festhalten, dass individuelles Verhalten in manchen Situationen stärker vom Einfluss der Bezugsgruppe abhängen kann, als von den eigenen

---

[236] Vgl. Katz/Lazarsfeld (1957), S. 99 ff.
[237] Vgl. Kroeber-Riel/Weinberg (2003), S. 478.

Prädispositionen. Weiterhin ist erwiesen, dass Kundenempfehlungen, die zwischen den Mitgliedern einer Bezugsgruppe ausgesprochen wurden, besonders wirksam sind.[238] Der Einfluss der Bezugsgruppe ist allerdings abhängig von der Produktkategorie. Er ist bspw. im Konsumgüterbereich besonders dann bedeutsam, wenn:[239]

- die Nutzung des Produktes sichtbar ist und auffällt (z. B. Luxusartikel) oder gerade auf den Markt gekommen ist (Innovationen),
- das Produkt im Normen- und Glaubenssystem der Bezugsgruppe eine große Rolle spielt (z. B. Automobilmarken), der Konsument in der Kaufentscheidung ein starkes Involvement verspürt (z. B. in Bezug auf ein Interessensgebiet), oder
- der Kauf als risikoreich wahrgenommen wird und zur Suche weiterer Informationen anregt (z. B. bei hochpreisigen Gütern).

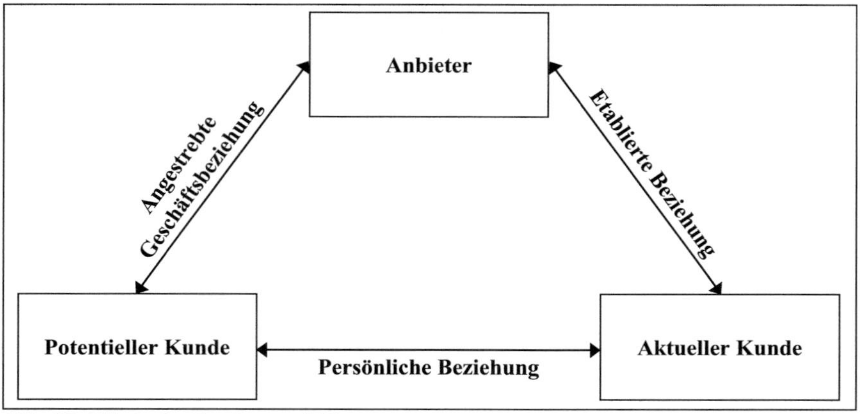

Abb. 08: Triade der Kundenempfehlung
Quelle: In Anlehnung an Helm (2000), S. 36.

[238] Vgl. Helm (2000), S. 156.
[239] Vgl. Assael (1992), S. 434 f.; Kroeber-Riel/Weinberg (2003), S. 486.

Ihrer Studie legt *Helm* eine trianguläre Beziehung zwischen den drei an der Weiterempfehlung beteiligten Akteuren zugrunde. Sie trägt damit den Relationen zwischen Anbieter und aktuellem, kommunizierenden Kunden (etablierte Geschäftsbeziehung), dem Anbieter und dem potenziellen Kunden (angestrebte Geschäftsbeziehung) und den Beziehungen zwischen Kunden untereinander Rechnung.[240]

Aus Anbietersicht besitzt der bereits gebundene Kunde einen Wert, zu dem auch sein Weiterempfehlungspotenzial zählt. Zwischen potenziellen Kunden und Anbieter kann eine Geschäftsbeziehung dadurch entstehen, dass die positive Empfehlung den potenziellen Kunden zu einer Transaktion mit dem Anbieter veranlasst. Dabei kann es sein, dass der Anbieter von der Existenz des möglichen Kunden nichts ahnt. Die Beziehung zwischen aktuellem und potenziellem Käufer schließlich ist als persönliche Relation aufzufassen, die von rein geschäftlich bis hin zu freundschaftlich motiviert sein kann. Diese sozialen Beziehungen sind charakteristisch für Brand Communities und sollten daher besonders stark sein. Die Stabilität dieser Beziehungen kann nun wiederum vom austauschtheoretischen Standpunkt aus betrachtet werden. Sie hängt davon ab, ob Geben und Nehmen aus Sicht beider Austauschpartner als ausgewogen wahrgenommen werden.[241]

Auf den Sachverhalt des Weiterempfehlungsverhaltens bezogen bedeutet das, dass die Informationsweitergabe unter der Bedingung oder Hoffnung erfolgt, dass damit ein höherer Nettonutzen verbunden ist als mit der Nichtweitergabe der Information.[242] Für den Informationsträger beruht die Entscheidung über die Informationsweitergabe also auf einer Kosten-Nutzen-Entscheidung. Mögliche Nutzenfaktoren für den potenziellen Kommunikator können z. B. die

[240] Vgl. Helm (2000), S. 38 ff.
[241] Vgl. Helm (2000), S. 36 f.
[242] Vgl. Homans (1961), S. 72 ff.

Erlangung sozialer Macht und eines Expertenstatuses, die Hoffnung auf Informationen vom Rezipienten oder zumindest Dankbarkeit sein.[243]

Wie in Abbildung 7 bereits aufgezeigt, erlauben Weiterempfehlungen nicht nur die Beeinflussung anderer Konsumenten während deren Kaufphase, sondern dienen auch zum Ausdruck der eigenen Zufriedenheit mit den erworbenen Produkten und Dienstleistungen. Die Abgabe einer Weiterempfehlung ermöglicht dem Käufer kognitive Spannungen zu eliminieren und somit aktive Werbung für die Marke zu machen. Zur Erklärung dieses Verhaltens kann die von *Festinger* begründete Theorie der kognitiven Dissonanz hinzugezogen werden. Er beschreibt Dissonanz als psychologisch unangenehmen Spannungszustand mit antriebsähnlichen Eigenschaften, der von inkonsistenten Kognitionen ausgelöst wird. Sie stellen ein inneres Ungleichgewicht dar, das bspw. aufgrund der Unvereinbarkeit von Meinungen, Überzeugungen und Wissen eintritt und ab einer gewissen Toleranzschwelle vom Individuum vermieden oder beseitigt wird.[244]

Grundsätzlich kann sich eine Inkonsistenz in zwei Formen äußern: Einerseits nach einer Informationsaufnahme, andererseits nach einer Wahlentscheidung, z. B. einer Kaufentscheidung. Im ersten Fall ist der Empfänger der dissonanzerregenden Information bestrebt, die Quelle als unwissend abzutun oder die aufgenommene Information zu verzerren, so dass sie als nicht relevant oder neutral angesehen wird.[245] Wenn es dem Informationsempfänger gelingt, den Kommunikator von dessen „fehlerhaften" Verhalten zu überzeugen, wird die kognitive Dissonanz auf Letzteren übertragen. Es besteht auch die Möglichkeit, dass der Informationsempfänger sein Anspruchsniveau anpasst oder

[243] Vgl. von Wangenheim (2003), S. 81.
[244] Vgl. Festinger (1957), S. 3.
[245] Vgl. Festinger (1957), S. 22.

durch selektive, zusätzliche Informationssuche seine Entscheidung nachträglich rechtfertigt.[246]

Eine Nachkaufsstrategie zur Dissonanzreduktion und zum Umgang mit den Unsicherheiten ist nach *Festinger* durch soziale Kommunikation gegeben, indem das Individuum die getroffene Entscheidung oder Haltung bekräftigt und andere zudem von der Richtigkeit derselben zu überzeugen versucht.[247] Dabei stellt die Bezugsgruppe für den Einzelnen sowohl eine Quelle (z. B. durch mangelnde Akzeptanz eines erworbenen Produktes), als auch ein Mittel zur Reduktion bzw. Beseitigung kognitiver Dissonanz dar.[248] Die These, dass sich die empfundene Dissonanz durch Weiterempfehlungen des Entscheidungsobjektes abbauen lässt, sofern der Rezipient einen identischen Kauf tätigt, konnte durch eine Studie von *Schuchard-Ficher* empirische Evidenz erlangen.[249] Vor dem Hintergrund der konsistenztheoretischen Ansätze ist daher anzunehmen, dass Mitglieder einer Brand Community, die „ihre" Marke weiterempfehlen, auch dazu neigen, die Marke selbst zu nutzen. Nur so können die Individuen ihr als angenehm empfundenes, psychisches Gleichgewicht halten. Daher wird postuliert:

> H_8: Je größer die Absicht eines Individuums, die Marke weiterzuempfehlen, desto eher beabsichtigt es, Produkte oder Dienstleistungen der Marke selbst zu nutzen.

Zum Verständnis des Prozesses der Informationsweitergabe sind weiterhin das persönliche Engagement und die Bereitschaft eines Individuums, sich kognitiv und emotional mit einem Sachverhalt oder einer Aktivität zu befassen, von Relevanz.[250] Die als Involvement bezeichnete Größe ist nach dieser

[246] Vgl. Festinger (1957), S. 23f.
[247] Vgl. Festinger (1957), S. 19 ff.
[248] Vgl. Schuchard-Ficher (1979), S. 14 ff.
[249] Vgl. Schuchard-Ficher (1979), S. 83 ff.
[250] Vgl. Kroeber-Riel/Weinberg (2003), S. 371 f.

Definition mit starken Emotionen verbunden und einer großen Bereitschaft, sich mit der Entscheidung auseinander zu setzen. Im Unterschied zu Personen mit Low-Involvement-Niveau, die sich eher durch passives Informationsverhalten charakterisieren lassen, suchen stark involvierte Individuen aktiv nach Informationen und setzen sich mit diesen intensiv auseinander.[251] Ferner machen Personen, die ein dauerhaftes und ausgeprägtes Interesse an einer Marke oder Produktkategorie aufweisen, diese zum Gegenstand ihrer Kommunikation. Sie zeichnen sich durch eine hohe Persuasivwirkung aus und sind als Kommunikatoren besonders bestrebt, von sich aus als autonomer Informationsgeber zu fungieren. Diese Überzeugung von der Marke muss aus empfangenen Informationen oder gemachten Erfahrungen stammen. Sofern die Leistungserwartungen durch die Marke nicht enttäuscht worden sind, hat sich die Erfahrung im Einklang mit bereits beschriebenen austauschtheoretischen Überlegungen in gewachsenem Markenvertrauen niedergeschlagen.[252]

Das aktive Weiterempfehlungsverhalten resultiert demnach auch auf dem persönlichen Engagement des Kommunikators sowie auf dessen Vertrauen in die Marke. In Brand Communities kann davon ausgegangen werden, dass das Involvement der Mitglieder aufgrund der zentralen Bedeutung der Marke durchgehend relativ stark ist. Das Markenvertrauen ist somit Grundlage für die innere Überzeugung von der Marke und beeinflusst die Informationsweitergabe positiv:

H_9: Je größer das Vertrauen in die Marke, desto größer auch die Abgabe von markenbezogenen Weiterempfehlungen.

Die Konzeptualisierung des Konstruktes Weiterempfehlungsverhalten soll sich in der vorliegenden Untersuchung an die Überlegungen *Harrison-Walkers*

[251] Vgl. Helm (2000), S. 158.
[252] Vgl. Helm (2000), S. 159.

anlehnen. Er identifiziert drei Dimensionen: Enthusiasmus, welches die Aspekte Frequenz der Weiterempfehlung und Anzahl der Kontakte enthält; Detail, als inhaltlicher Umfang der Empfehlung, sowie die Gefälligkeit, grundsätzlich Marken weiterzuempfehlen. Interessanterweise musste in seiner Studie der Indikator der Dimension Gefälligkeit aufgrund zu niedriger Faktorladungen und Item-to-total-Korrelationen eliminiert werden.[253] Im Bestreben, eine reliable und valide Skala allgemeiner Gültigkeit zur Erfassung des aktiven Weiterempfehlungsverhaltens zu schaffen, reduziert er die Anzahl der Dimensionen auf zwei: Weiterempfehlungsaktivität und Lob. Die Aktivitätsdimension ist Ausdruck der Frequenz, der Anzahl der Kontakte sowie der Quantität übertragener Informationen vom Sender zum Rezipienten. Lob fasst die grundsätzliche Bereitschaft zur Mundwerbung zusammen und entspricht somit der Gefälligkeit.[254]

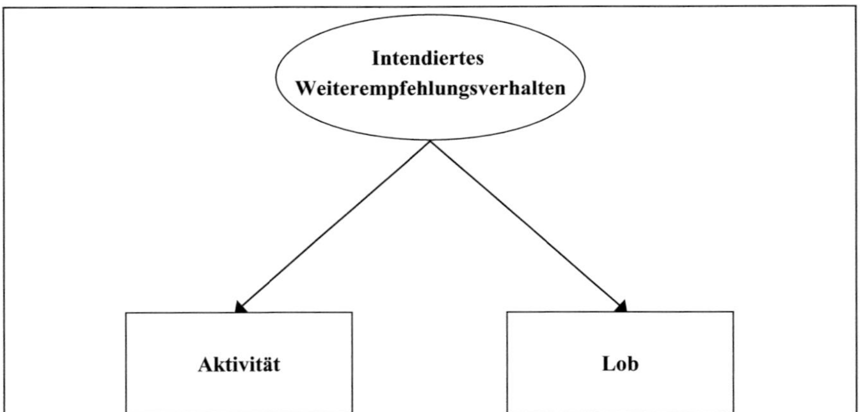

Abb. 09: Konzeptualisierung des Konstruktes Weiterempfehlungsverhalten
Quelle: In Anlehnung an Harrison-Walker (2001), S. 63.

Die Abbildung verdeutlicht noch einmal, dass das Konstrukt somit auf den Ergebnissen *Harrison-Walkers* basierend aus den Dimensionen Aktivität und

---

[253] Vgl. Harrison-Walker (2001), S. 71.
[254] Vgl. Harrison-Walker (2001), S. 63.

Lob konzeptualisiert ist. In diesem Kapitel ist dargelegt worden, inwieweit Bezugsgruppen ein Individuum dazu veranlassen, Weiterempfehlungen auszusprechen. Welche Effekte das eigene Bewusstsein um die Mitgliedschaft an einer sozialen Gruppierung wie der Brand Community hat, ist Gegenstand des folgenden Abschnitts.

3.5 Der Beitrag der sozialen Identitätstheorie zur Erklärung des Gemeinschaftsgefühls

Der Ausdruck Community ist heutzutage weiten Schichten der Bevölkerung bekannt und wird insbesondere von jüngeren Menschen regelmäßig benutzt, obwohl jeder etwas anderes darunter versteht. Wie erinnerlich, soll eine Community als eine Gruppe von Individuen, die über geteilte Werte verfügen, bspw. einen gemeinsamen Ort, gemeinsame Interessen, Werte oder Überzeugungen, verstanden werden.[255]

Die psychologischen Forschungen um das Gemeinschaftsgefühl versuchen die Beziehung zwischen Konsumenten untereinander und mit der Brand Community zu erklären. Als einer der ersten Forscher in diesem Gebiet stellte *Sarason* sein Konstrukt „Sense of Community“ (SOC) vor, dass die Intensität der Beziehungen zwischen Brand Community und Mitgliedern wiedergibt.[256] Er charakterisiert das Gemeinschaftsgefühl als „the perception of similarity with others, an acknowledged interdependence with other, a willingness to maintain this interdependence by giving to or doing for others what one expects from them, the feeling that on is part a larger dependendable and stable structure”[257]

---

[255] Vgl. Kapitel 2.1.2
[256] Vgl. Sarason (1977).
[257] Sarason (1977), S. 157.

Sarason wies aber auch auf die Problematik der Messbarkeit des Konstruktes hin, weshalb es zu beständigen Weiterentwicklungen der Theorie und zu einer Suche nach adäquaten Indikatoren kam.[258] Aus psychologischer Sicht stellt die bedeutendste Entwicklung das Konzept des „Psychological Sense of Community" (PSOC) von *McMillan* und *Chavis* dar.[259] Sie schufen 1986 das bis dato fehlende theoretische Fundament und entwickelten damit ein psychologisches Konzept zur Erklärung des Communitylebens, welches bis heute die weiteste Verbreitung gefunden hat und Grundlage zahlreicher theoretischer Diskussionen zum Thema darstellt.[260]

Die Autoren schlagen eine aus vier Dimensionen bestehende Konzeptualisierung des Gemeinschaftsgefühls vor: Mitgliedschaft, Einfluss, Nutzenerfüllung sowie geteilte emotionale Bindung. Dabei meint Mitgliedschaft das Gefühl der Zugehörigkeit und der Identifikation, im Sinne vom Bewusstsein, Teil der Community zu sein, aus der das Individuum eine emotionale Sicherheit bezieht. Die Dimension Einfluss stellt ein bidirektionales Bedürfnis dar: Einerseits bezeichnet es den Einfluss der Gruppe auf seine Mitglieder, um eine gewisse Gruppenkohäsion erzeugen zu können, andererseits auch das Gefühl des Einzelnen, eine gewisse Kontrolle und Macht innerhalb der Community zu haben. Nutzenerfüllung bezieht sich auf den Gedanken einer Belohnungswirkung der Community für seine Mitglieder, um ein gemeinschaftliches Gefühl entstehen zu lassen. Dazu dienen vor allem gemeinsame Bedürfnisse, Ziele, Überzeugungen und Werte. Unter der vierten Dimension, geteilte emotionale Bindung, werden die emotionalen Bindungen zusammengefasst, welche sowohl der gemeinsamen Erfahrungen und der Identifikation mit der Community, als auch den Beziehungen zu anderen Mitgliedern

[258] Vgl. Sarason (1977), S. 157.
[259] Vgl. McMillan/Chavis (1986), S. 6 ff.
[260] Vgl. Obst/White (2005), S. 127.

entspringen. Nach *McMillan* und *Chavis* wirken diese Dimensionen dynamisch zusammen und generieren somit ein globales Gemeinschaftsgefühl.[261]

Vor diesem Hintergrund führt bspw. eine höhere Interaktionsfrequenz der Mitglieder zu einer verstärkten Bereitschaft, Bindungen einzugehen, welche wiederum im austauschtheoretischen Sinne belohnend wirken und den Status der Community erhöhen.[262] Mehrere Studien haben die Übertragbarkeit des ursprünglich im Nachbarschaftskontext angelegten Konzeptes auf andere Bereiche empirisch belegen können, so z. B. auf Internet-Communities.[263]

Aufgrund der von *Sarason* angesprochenen Problematik der Messung des Gemeinschaftsgefühls veröffentlichten *Chavis et al.* daraufhin ihren „Sense of Community Index“[264] (SCI), der heute das wichtigste Messinstrument zur Erfassung des PSOC darstellt und die vier Dimensionen von *McMillan* und *Chavis* bestätigen konnte.[265] Zehn Jahre später verfeinerte *McMillan* die von *Chavis* und ihm entwickelte Skala, die aus messtheoretischer Sicht jedoch keine Neuerungen zu Tage fördern konnte und deswegen an dieser Stelle nicht behandelt werden soll.[266]

Darüberhinaus bestehen noch einige andere interessante Messansätze, so z. B. der „Multidimensional Measure of Neighboring“ (MMN) Index, der stärker auf die Ortsverbundenheit der Mitglieder fokussiert sowie negative Beziehungen in der Community berücksichtigen will.[267] Er basiert, wie auch der 18 Indikatoren umfassende „Neighboring Cohesion Index“ (NCI), auf dem human-ökologischen Ansatz, Communities durch die Nachbarschaftskohäsion

---

[261] Vgl. McMillan/Chavis (1986), S. 6 ff.
[262] Vgl. Algesheimer (2004), S. 133.
[263] Vgl. Obst et al. (2002b), S. 105 ff. Für einen Überblick zum Stand der Forschung vgl. Obst/White (2005),
S. 128.
[264] Chavis et al. (1986).
[265] Vgl. Obst/White (2004), S. 692.
[266] Vgl. McMillan (1996), S. 6 ff.
[267] Vgl. Skaeveland et al. (1996), S. 413 ff.

zu erklären.[268] *Obst et al.* präsentieren 2002 ein auf den SCI-, NMI-, MMN-Skalen sowie einigen anderen Indizes basierendes Messinstrument zur Messung des Konstruktes. Dabei besteht die wesentliche Neuerung gegenüber dem „Sense of Community"-Index darin, dass die Autoren Überlegungen aus der sozialen Identitätstheorie (Social Identity Theory, SIT) in Form einer zusätzlichen Dimension integrieren.[269] Sie stützen sich u. a. auf Aussagen von *Chipuer* und *Pretty*, die den Grad der Identifikation als wichtige Determinante des Levels der PSOC sehen.[270]

Die Theorie der sozialen Identität ist ein von *Tajfel* und *Turner* begründeter und inzwischen anerkannter Ansatz zur Erklärung von Gruppenprozessen und intergruppalen Relationen.[271] Soziale Identität ist der Anteil des Selbstkonzepts einer Person, der sich auf ihr Wissen um Zugehörigkeit zu einer speziellen Gruppe oder Kategorie bezieht und einen bestimmten Wert und emotionelle Bedeutung aufweist. Je stärker den Individuen das Bewusstsein der Gruppenzugehörigkeit ist und je wertvoller und emotionaler ihnen diese Beziehung erscheint, desto größer ist die Identifikation mit der Gruppe (ingroup identification).[272] Deshalb stellt die Identifikation mit der Community, wie in *Sarasons'* Theorie des „Sense of Community" bereits vermutet, einen zentralen Bestandteil des Gemeinschaftsgefühls dar.[273] Als Ergebnis ihrer auf *McMillan* und *Chavis'* basierenden Untersuchung extrahierten *Obst et al.* mithilfe einer Faktoranalyse fünf Dimensionen, die das Konstrukt hinreichend abbilden:[274]

---

[268] Vgl. Buckner (1988), S. 771 ff. Zur Erklärung des Kohäsionsansatzes vgl. Algesheimer (2004), S. 33 ff.
[269] Vgl. Obst et al. (2002a), S. 88 ff.
[270] Vgl. Chipuer/Pretty (1999), S. 644.
[271] Vgl. Tajfel/Turner (1979).
[272] Vgl. grundsätzlich Hogg (1992).
[273] Vgl. Obst/White (2005), S. 128.
[274] Vgl. Obst et al. (2002a), S. 95 f.

- „Zugehörigkeit“: bezeichnet die Verbundenheit zur Community und kann als unterschwellig wahrgenommene Mitgliedschaft des Individuums verstanden werden.
- „Kooperatives Verhalten und geteilte Werte“: basiert auf der Idee, dass Individuen ihre Bedürfnisse durch kooperatives Verhalten in der Community befriedigen können, sowie auf der wahrgenommenen Ähnlichkeit zu den anderen Mitgliedern.
- „Freundschaft und Unterstützung“ stellt die Relevanz der Interaktion der Mitglieder untereinander explizit heraus.
- „Führung und Einfluss“ spiegelt das Bedürfnis einer reziproken Beziehung zwischen den Mitgliedern und der Community zur Entstehung von Gruppenkohäsion wieder.
- „Bewusste Identifikation“ meint im Unterschied zur Dimension „Zugehörigkeit“ die bewusste Erkenntnis des Individuums, der Community zugehörig und Teil des Ganzen zu sein, und stellt somit die ergänzende Dimension zu *McMillans* und *Chavis'* Ansatz dar.

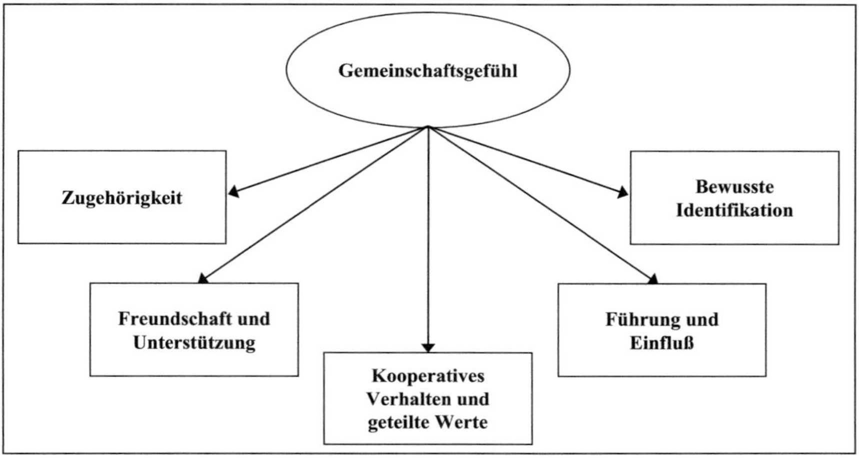

Abb. 10: Konzeptualisierung des Konstruktes Gemeinschaftsgefühl
Quelle: In Anlehnung an Obst et al. (2002a), S. 97.

Die Studie von *Obst et al.* ist die derzeit umfassendste empirische Untersuchung auf dem Gebiet der SOC-Forschung. Die Skala erwies sich sowohl im nachbarschaftlichen als auch virtuellen Kontext als valide und reliabel.[275] Die Konzeptualisierung des Konstruktes soll deswegen auch in die vorliegende Untersuchung übernommen werden. Die folgende Abbildung dokumentiert die Dimensionen des Konstruktes Gemeinschaftsgefühl:

Die soziale Identität ergibt sich durch eine Selbsteinteilung der Individuen in eine oder mehrere Kategorien. Sie besteht in der Regel aus verschiedenen Gruppenzugehörigkeiten. Individuen empfinden die soziale Identität als psychologische Bindung mit der Gruppe, welche sie dazu veranlasst, zu den Zielen der Gruppe beizutragen und kooperativ mit den anderen Mitgliedern der Gruppe zu interagieren.[276]

Ashford und *Mael* belegen in ihrer Arbeit, dass Individuen, die sich mit einem Unternehmen identifizieren, ein ausgeprägtes Interesse am Erfolg desselben haben.[277] Da die soziale Identität Teil des Selbstkonzeptes ist, legen Individuen Wert darauf, dass ihre Zugehörigkeit zur Gruppe in einem möglichst positiven Licht dargestellt wird. Sie werden daher mit subjektiv wichtig wahrgenommenen Personen über die Gruppenzugehörigkeit kommunizieren.[278] Sofern die Gruppe bspw. durch die zentrale Stellung einer Marke charakterisiert ist, wird das Individuum sich positiv zu dieser Marke äußern, Vorteile und positive Erfahrungen in den Vordergrund stellen. Außerdem wird es das Unternehmen und seine Produkte verteidigen, wenn diese von Dritten, insbesondere Gruppenaussenstehenden, angegriffen werden. Dieses Verhalten zu anderen Gruppen („outgroups") ist somit mit der von *Muniz* und

[275] Vgl. Obst et al. (2002b), S. 105 ff ; Obst et al. (2002c), S. 119 ff.
[276] Vgl. Bhattacharya/Sen (2003), S. 83.
[277] Vgl. Ashford/Mael (1989), S. 20 ff.
[278] Vgl. Bhattacharya/Sen (2003), S. 83.

Hamer beschriebenen „oppositional brand loyality“ vergleichbar.[279] Wenn die Identifikation und das Involvement besonders stark sind, werden einige Konsumenten ihre innere Beziehung nach außen sichtbar machen wollen. Dies kann sich in Form von Symbolen äußern (z. B. Schriftzug, Logo auf Kleidungsstücken), durch Sammeln von marken- oder unternehmensbezogenen Gegenständen (teilweise mit nostalgischem Wert) oder sogar durch Tattoos zur Schau gestellt werden.[280] Es ist daher nicht verwunderlich, dass ein Unternehmen wie bspw. Harley-Davidson eine breite Auswahl an Sammelobjekten zum Kauf bereithält.[281]

Es bleibt festzuhalten, dass aktive Weiterempfehlung neben dem direkten Konsum und dem Zurschaustellen eine Möglichkeit darstellt, die Marke bzw. das Unternehmen zu unterstützen.[282] Nur somit können Individuen ihre soziale Identität und damit eine Komponente ihres Selbstkonzeptes bewahren. In der vorliegenden Untersuchung ist die Identität als essenzieller Bestandteil des Gemeinschaftsgefühls konzipiert. Daher wird angenommen:

H_{10}: Je bedeutender das Gemeinschaftsgefühl für den Einzelnen ist, desto größer ist auch seine Tendenz, Weiterempfehlungen zugunsten der Marke auszusprechen.

Wie bereits in Kapitel 3.2 geschildert, kann durch die Mitgliedschaft an einer Gruppe die Handlungsfreiheit des Einzelnen eingeschränkt sein. Die subjektive Norm beschreibt den wahrgenommenen Druck des Einzelnen, sich entsprechend gewisser Maßstäbe, Rituale und Ziele der Bezugsgruppe zu verhalten.[283] Sozialpsychologische Studien ließen erkennbar werden, dass der wesentliche Faktor für die Beeinflussung des Verhaltens durch intergruppalen

[279] Vgl. Muniz/Hamer (2001), S. 355.
[280] Vgl. Katz (1994), S. 86 f.
[281] www.harley-davidson.com
[282] Vgl. Scott/Lane (2000), S. 43 ff.
[283] Vgl. Ajzen/Fishbein (1980), S. 57.

Druck womöglich im Bedürfnis nach Konformität zu anderen Mitgliedern begründet liegt.[284]

Mit steigender Differenz zwischen dem nach außen gerichteten Verhalten zur Befolgung der Gruppennormen und den individuellen Normvorstellungen verspürt das Individuum einen wachsenden Druck aus der Gruppe.[285] Je enger die Bindung an die Community, d. h., je stärker sich ein Individuum mit ihr identifiziert, desto mehr muss sich das Mitglied auf die Normen, Werte und Ziele der Community einlassen.[286] Es kommt folglich zu einer Überschneidung individueller und gemeinschaftlicher Normen. Bei steigender Identifikation mit der Community neigt das Individuum dazu, diese Normen auf sich zu übertragen und zu internalisieren. In der Folge wird es seine Handlungen eher auf diese „gemeinsamen" Normen und Werte zurückführen als auf Erwartungen oder Anforderungen der Community. Der wahrgenommene Gruppendruck sollte daher abnehmen. Deswegen wird postuliert:

H_{11}: Je stärker das empfundene Gemeinschaftsgefühl, desto geringer die subjektive Norm.

3.6 Weitere Ansätze zur Erklärung der Markenloyalität

Die Kaufintention stellt ein zentrales Element dieser Untersuchung dar. Durch alle bisher vorgestellten Variablen wird sie direkt oder indirekt beeinflusst und ist zugleich unverzichtbare Voraussetzung für die Loyalität. Zur Erklärung des engen Zusammenhangs zwischen Kaufabsicht und Markenloyalität können im Wesentlichen drei verhaltenswissenschaftliche Theorien herangezogen werden.

---

[284] Vgl. McMillan/Chavis (1986), S. 6ff.
[285] Vgl. Eagly/Chaiken (1993), S. 172 ff.
[286] Vgl. Algesheimer et al. (2005), S. 22.

Erstens kann auf die zuvor beschriebene Theorie der kognitiven Dissonanz nach *Festinger* zurückgegriffen werden, welche davon ausgeht, dass Individuen nach kognitivem Gleichgewicht, also nach einer Konsistenz der einzelnen kognitiven Elemente streben.[287] Entsteht Ungleichgewicht im kognitiven System, kommt es zu Dissonanzen in Form von psychischen Spannungen. Überschreiten diese eine individuell festgelegte Toleranzgrenze, die sich nach der Wichtigkeit der beteiligten Kognitionen und der relativen Anzahl dissonanter zu konsonanter kognitiver Elemente richtet, werden entsprechende dissonanzreduzierende Verhaltensweisen ausgelöst. Dies kann sich in einer Veränderung der Kognitionen, aktiver Mundwerbung oder in einer selektiven Informationsaufnahme äußern.[288] Auf die Kaufabsicht in Brand Communities bezogen bedeutet dies: Ein Kunde, der mit dem Kauf positive Erfahrungen in Verbindung bringt, also bspw. mit der gebotenen Leistung zufrieden ist, befindet sich in einem psychischen Gleichgewicht. Dieses kann er erhalten, indem er das gleiche Produkt bzw. die gleiche Dienstleistung erneut nachfragt, sich also der Marke gegenüber loyal verhält.

Im Rahmen der Lerntheorien ist zur Erklärung der Kundenloyalität vor allem das Lernen nach dem Verstärkungsprinzip (instrumentelles Konditionieren) relevant.[289] Die Lerntheorie geht davon aus, dass Verhaltensweisen eines Individuums, die mit positiven Konsequenzen verbunden sind, eine Verstärkung erfahren, d. h., sie werden in Zukunft in ähnlichen Situationen mit erhöhter Wahrscheinlichkeit auftreten. Verhaltensweisen hingegen, auf die keine oder gar eine negative Konsequenz folgt, werden abgeschwächt, verändert oder bleiben ganz aus.[290] Im Hinblick auf die Markenloyalität bedeutet dies, dass ein Kunde, der nach einem Kauf durch positive Erfahrungen „belohnt" wurde, in seiner zukünftigen Verhaltensabsicht, dieselbe Marke

287 Vgl. Festinger (1957), S. 3.
288 Vgl. Kroeber-Riel/Weinberg (2003), S. 184.
289 Vgl. Kroeber-Riel/Weinberg (2003), S. 332.
290 Vgl. Rosenstiel/Neumann (2002), S. 195.

zu kaufen, bestärkt wird. Dadurch steigt die Wahrscheinlichkeit für Folgekäufe und somit für ein loyales Verhalten.[291]

Schließlich soll die Risikotheorie einen Erklärungsansatz für den Kausalzusammenhang zwischen Kaufabsicht und Markenloyalität liefern. *Homburg* und *Rudolph* konstatieren zum Kaufprozess: „Das Kaufverhalten von Kunden (wird) wesentlich durch Versuche zur Reduzierung des subjektiv wahrgenommenen kaufspezifischen Risikos bestimmt."[292] Kunden können aber aus Effizienzgründen bei einem Kauf nicht alle Informationen einholen, die sie für eine risikofreie Entscheidung benötigen würden. Dadurch kommt es zu Abweichungen zwischen ihren Ansprüchen und den möglichen Folgen des Kaufs. Die Risikotheorie besagt, dass Individuen ab einer individuell unterschiedlichen Toleranzschwelle Risikoreduktionsstrategien einsetzen. Eine Möglichkeit besteht darin, einer Marke bzw. Produkt, mit der positive Erfahrungen gemacht worden sind, treu zu bleiben, um das Risiko einer Enttäuschung weitgehend auszuschließen. Somit erwächst auch diesem Prozess eine steigende Loyalität.[293]

Zusammenfassend ergeben sich aus verhaltenstheoretischer Sicht betrachtet also drei verschiedene Argumentationen, warum Kunden sich loyal verhalten sollten. In Brand Communities kann davon ausgegangen werden, dass die Mitglieder mit ihrer Marke bestens vertraut sind und Erfahrungen mit ihr gesammelt haben. Die im Regelfall positiven Erlebnisse, die sich beim Individuum nach dem Kauf der betreffenden Marke verankert haben, werden das Wiederkaufsverhalten positiv beeinflussen. Es kann daher angenommen werden:

---

291 Vgl. Braunstein (2001), S. 65.
292 Homburg/Rudolph (1998), S. 47.
293 Vgl. Kroeber-Riel/Weinberg (2003), S. 251.

H_{12}: Je größer die Intention, ein Produkt einer Marke zu kaufen, desto größer die Loyalität zur Marke.

Somit ergibt sich das in Abbildung 11 dargestellte vollständige Markenloyalitätsmodell. Das Modell berücksichtigt individuelle und gruppendynamische Aspekte zur Beschreibung des Nachfragerverhaltens in Brand Communities und zielt auf eine umfassende Deskription der Markenloyalität und ihrer relevanten Determinanten ab. Die empirische Überprüfung des Kausalmodells erfolgt im unter Verwendung der im Folgenden dargestellten Methodik.

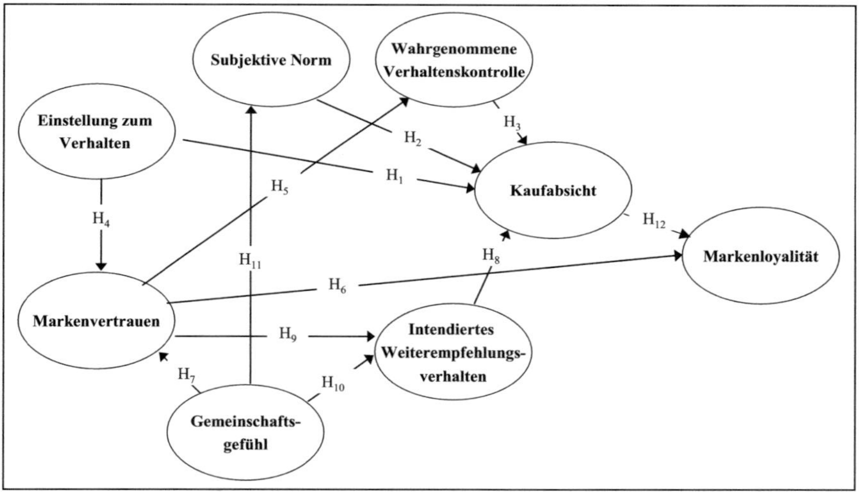

Abb. 11: Vollständiges Markenloyalitätsmodell

4. Empirische Untersuchung des Markenloyalitätsmodells

4.1 Untersuchungsdesign und Datenbasis

4.1.1 Zur Wahl der MacUser-Community als Untersuchungsobjekt

Zu Anfang stellt sich die Frage nach einem geeigneten Untersuchungsobjekt. Wie erinnerlich, verfügen insbesondere Marken mit hoher emotionaler Ausstrahlung und Anziehungskraft über geeignetes Brand Community-Potenzial.[294] Darüber hinaus ist der Einfluss der Bezugsgruppe bei sozial auffälligen und luxuriösen Produkten besonders stark.[295] Demnach müssen Produkte in einem gewissen Sinne exklusiv und nicht in jedermanns Besitz sein, um als sozial auffällig anerkannt zu werden. Bei der Marke Apple, die durch immer weiter schrumpfende Marktanteile einen Nischenplatz eingenommen hat, ist diese Exklusivität durch die relativ geringe Zahl der Nutzer gegeben. Vor der Veröffentlichung von Microsofts „Windows95" war noch jeder zehnte PC ein Macintosh von Apple. Dieser Marktanteil sank im Jahr 2004 auf unter zwei Prozent.[296] Erst der Erfolg des Musikplayers iPod sowie die Vorstellung des preiswerten „Mac mini"-Computers sorgten für eine Wende. Im jüngsten Geschäftsquartal verzeichnete Apple erstmals wieder Rekordergebnisse bei Umsatz und Gewinn. Dazu tragen vor allem 14 Millionen verkaufte iPods bei, die Apple zum Marktführer bei digitaler Unterhaltungselektronik machen.[297]

Der iPod ist ein portabler Musikplayer und somit ein Produkt, dass vorwiegend öffentlich genutzt wird. Apple gehört dabei zu den High-Tech-Firmen, die konsequent auf ein außergewöhnliches Design ihrer Produkte achten. Formgebung und die stetigen Innovationen in den vergangenen Jahren tragen dazu bei, das die Marke Apple einer aktuellen Studie zufolge von den Konsumenten als weltweit bedeutendste Marke über alle Produktkategorien

[294] Vgl. Lindström (2002), S. 1 ff.
[295] Vgl. Kroeber-Riel/Weinberg (2003), S. 486.
[296] Vgl. www.heute.de/ZDFheute/inhalt/0/0,3672,2293440,00.html
[297] Vgl. Apple Geschäftsbericht (2006), S. 1.

hinter Google wahrgenommen wird.[298] Soziale Auffälligkeit und mit der den Apple-Produkten verbundene Emotionen lassen die Marke für die Untersuchung geeignet erscheinen. Die Wahl der Community fiel demzufolge auf die MacUser-Gemeinde.[299] Sie stellt, in Analogie zur vorher getroffenen Begriffsdefinition von Brand Communities, die größte vom Markenführer unabhängige Apple-Gemeinde im deutschsprachigen Raum dar. Mit über 49.000 registrierten Mitgliedern und durchschnittlich 750 gleichzeitig eingewählten Usern ist sie eine der aktivsten Apple-Communities und sollte somit ein gutes Abbild der virtuellen Apple-Fankultur darstellen.[300]

Die MacUser-Community weist die angesprochenen typischen Charakterzüge einer Brand Community auf: Gemeinsame Erfahrungen und lassen die Gemeinschaft einzigartig erscheinen und drücken sich im Zugehörigkeitsgefühl aus. So beschreiben bspw. zahlreiche Mitglieder ihrer Besuche von Apple-Messen ausführlich und diskutieren Erlebnisse und Neuigkeiten mit den anderen. Ein gesonderter, nur registrierten Mitgliedern zugänglicher Bereich („iFamily") ermöglicht das Hochladen persönlicher Bilder, um sich oder seinen Apple-Computer der Community zu präsentieren.[301] Auch somit kann das Gefühl der Verbundenheit verstärkt werden. Die Mitgliedschaft geht also über den bloßen Erfahrungsaustausch hinaus und stellt vielmehr ein Art virtueller Freundeskreis dar.

Die Identifizierung äußert sich auch in der Abgrenzung zu anderen Marken, indem immer wieder über die PC-Welt gespöttelt wird, oder auch zu anderen Communities. Nachdem die MacUser-Community in einem Test der Fachzeitschrift *MacLife* getestet worden war, wurde das (zumeist schlechtere) Abschneiden anderer UserGroups umfassend erörtert und deren Nachteile

---

[298] Vgl. Interbrand (2006), S. 1.
[299] www.macuser.de
[300] www.maclife.de/index.php?module=pagesetter&func=viewpub&tid=3&pid=52 sowie www.macuser.de.
[301] www.macuser.de/galerie/

und Schwächen gegenüber der eigenen Gemeinschaft geschildert.[302] Dieses Verhalten entspricht wiederum der von *Muniz* und *O'Guinn* dokumentierten „oppositional brand loyality".[303] Rituale und Traditionen werden vor allem durch eine eigene Bildergalerie gepflegt, die neben sämtlichen bisher gefertigten Apple-Geräten auch historische Werbeanzeigen und Poster vorweist.[304] Sie rufen dem Mitglied die Anfänge und Entwicklungen der Marke in Erinnerung und bilden somit das kulturelle Kapital, auf dem die Bedeutung der Brand Community basiert. Schließlich zeigt sich die Verantwortung für die anderen Brand Community-Mitglieder in der umfassenden Hilfestellung im Forum zum Apple-Produkt aber auch zur Mitgliedschaft. Über 20 Moderatoren unterstützen zudem neue Mitglieder im Sozialisationsprozeß, ohne den die Gemeinschaft nicht fortbestehen könnte. Die Uneigennützigkeit ist in dem Bewusstsein des Einzelnen begründet, dass die Community nicht ohne das Engagement ihrer Mitglieder existieren kann.[305]

Daher eignet sich diese virtuelle Brand Community als Untersuchungseinheit für die nachfolgende Studie. Die Ermittlung der Determinanten der Markenloyalität steht im Fokus der folgenden Überprüfung des Hypothesensystems. Vor der empirischen Überprüfung des Kausalmodells kommt es zur Erörterung der gewählten Forschungsmethodik.

4.1.2 Methodik der Datenerhebung und deskriptive Auswertung

Bei der Konzeption der Studie zur Generierung des benötigten empirischen Datenmaterials ist zu entscheiden, welche Methode zur Erfassung der Daten herangezogen wird. Dabei bietet sich aufgrund der Befragung in einer Online-Community als geeignetes Erhebungsinstrument eine Online-Befragung an. Bei dieser Befragungsart befindet sich der Fragebogen auf mehreren

[302] MacLife (2006).
[303] Muniz/O'Guinn (2001), S. 420.
[304] www.macuser.de/galerie/
[305] Vgl. Rheingold (2000), S. 47.

hintereinandergeschalteten Internetseiten, wobei die Probanden durch den Besuch der entsprechenden Seiten online an der Befragung teilnehmen. Die angegebenen Daten werden unmittelbar nach der Beantwortung durch jeden einzelnen Probanden in einer Datenbank gespeichert und stehen sofort zur Auswertung bereit.

Für diese Art der Befragung spricht zunächst die einfache Erstellung des Fragebogens. Ferner ermöglicht eine Online-Befragung den Untersuchungsteilnehmern die Abarbeitung des Fragebogens in Etappen, so dass die Items in Ruhe durchgelesen werden können. Die Beantwortung kann auch zu jeder beliebigen Tageszeit erfolgen, sodass die Probanden keinen Zwang zur Teilnahme im unpassenden Augenblick empfinden. Da weiterhin die Teilnahme völlig anonym und ohne Auslobung einer Gewinnmöglichkeit stattfindet, ist davon auszugehen, dass die Teilnehmer vollkommen zwangfrei an der Studie teilnehmen. Außerdem liegt in der Begrenzung des subjektiven Einflusses des Interviewers, der bei persönlichen Befragungen zu Verzerrungen der Ergebnisse führen kann, ein weiterer Vorteil der Online-Befragung.[306] Die entscheidenden Vorteile dieser Befragungsart liegen allerdings in der wenig fehleranfälligen Datenerfassung und -bearbeitung, da die Antworten der Probanden direkt in eine Datenbank importiert werden. Diese Vielzahl an Argumenten, die für die Online-Befragung sprechen, lassen sie im vorliegenden Fall günstiger erscheinen als andere Erhebungsverfahren wie die persönliche oder telefonische Befragung.[307]

Der Fragebogen selbst besteht durchweg aus geschlossenen Fragen. Dabei wurden die Konstrukte über siebenstufige Likert-Skalen abgefragt, welche als vernünftiger Kompromiss zwischen dem Ziel möglichst hoher Varianz der Daten und nicht zu großer kognitiver Belastung der Probanden verstanden

306 Vgl. Nieschlag et al. (2002), S. 450.

307 Für weitergehende Informationen zu anderen Erhebungsmethoden vgl. Nieschlag et al. (2002), S. 442 ff.

werden.[308] Um den Probanden den Einstieg zu Erleichtern, wurden einfacher erscheinende Fragen an den Anfang des Fragebogens platziert. Die kognitiv etwas anspruchsvolleren Konstrukte wurden zum Ende hin abgefragt. Der Fragebogen schließt mit Fragen zu soziodemographischen Aspekten. Die Probanden wurden durch einen Link in der MacUser-Community zur Teilnahme an der Befragung aufgefordert. Im Erhebungszeitraum nahmen insgesamt 270 Probanden an der Befragung teil. Alle Datensätze sind dabei vollständig und weisen keine ungewöhnliche Schiefe auf.

Das Durchschnittsalter der Stichprobe beträgt ca. 28 Jahre. Der Anteil der männlichen Befragten beträgt 89,3%, der der weiblichen 10,7%. Eine derartige Geschlechterverteilung war im Vorfeld der Untersuchung zu erwarten, da sowohl das Internet als auch der Meinungsaustausch um technische Produkte offensichtlich nach wie vor eine Männerdomäne darstellen.[309] Gefragt wurde zudem, ob und – im zustimmenden Falle – wie lange der Proband Käufer bzw. Nutzer der Marke Apple ist. Weiterhin wurde nach der Dauer der Mitgliedschaft in der MacUser-Community gefragt.

Dabei gaben lediglich 3% der Befragten an, kein Gerät von Apple zu besitzen. Allerdings hat dieser Stichprobenteil keinen von den Applegeräte-Besitzern abweichenden, signifikanten Einfluss auf die Wirkungszusammenhänge. Dies berechtigt zu der Annahme, dass alle Umfrageteilnehmer Kauferfahrung mit der Marke Apple gesammelt haben. Interessanterweise zeigt sich weiterhin, dass die seit Juni 2001 bestehende Community fast zur Hälfte aus Mitgliedern besteht, die seit weniger als einem Jahr registriert sind. Diese Daten zeigen erneut die Dynamik und das (Wachstums-) Potenzial der MacUser-Gemeinde im Speziellen als auch der Brand Communities im Allgemeinen.

---

[308] Vgl. Nieschlag et al. (2002), S. 406.

[309] Vgl. W3B (2005). Diese größte europaweit durchgeführte Umfrage zum Nutzungsverhalten im Internet lieferte bei über 101.000 Befragten einen Anteil männlicher Internetnutzer von 53,7% zu Tage.

Die mit Hilfe des Online-Fragebogens generierten Daten lassen eine empirische Überprüfung des Markenloyalitätsmodells zu. Da es sich bei den Komponenten dieses Modells, wie bereits beschrieben, um hypothetische Konstrukte handelt und diese sich einer direkten Quantifizierung verschließen, werden in den nächsten Kapiteln Ansätze zur Messung erarbeitet und auf Validität und Reliabilität überprüft.

4.2 Zur Auswahl einer geeigneten Forschungsmethode

4.2.1 Charakteristika varianz- und kovarianzbasierter Analyseverfahren

Wie auch in dieser Untersuchung stehen kausale Ursache-Wirkungs-Zusammenhänge häufig im Zentrum betriebswirtschaftlicher Theorie und Praxis.[310] Seit einigen Jahrzehnten wurden vor allem in der Sozialforschung und im Marketing nach geeigneten statistischen Verfahren zur empirischen Überprüfung solcher Beziehungen geforscht, die unter Begriffen wie Strukturgleichungs- oder Kausalanalyse in die betriebswirtschaftliche Literatur eingegangen sind.[311]

Mithilfe der Kausalanalyse als strukturprüfendes (konfirmatives) Verfahren kann ein System von Hypothesen (sog. Kausalmodell) über die Abhängigkeitsstruktur zwischen den zu untersuchenden Größen anhand empirisch erhobener Daten überprüft werden. Die Kausalanalyse besteht aus einer Verbindung von regressions- und faktoranalytischen Ansätzen und bietet über die bloße Möglichkeit der Untersuchung komplexer Abhängigkeitsstrukturen hinaus auch eine explizite Unterscheidung zwischen beobachtbaren (sog. Indikatoren) und latenten Variablen. Charakteristisch für latente Variablen ist, dass sie sich einer direkten Messung entziehen. Um diese nicht unmittelbar beobachtbaren Variablen dennoch analysieren zu können, erhalten sie über

---

[310] Vgl. Homburg/Pflesser (2000), S. 635.
[311] Vgl. Nieschlag et al. (2002), S. 382 f.

Indikatoren ihren empirischen Bezug.[312] Dabei ergeben sich quantitative, inhaltlich interpretierbare Beziehungen zwischen den latenten und den messbaren Modellvariablen.[313] In der betriebswirtschaftlichen Forschung werden demnach unter dem Begriff Kausalanalyse empirische Methoden zur Schätzung linearer Strukturgleichungsmodelle mit latenten Variablen verstanden. *Homburg* und *Hildebrandt* beschreiben dieses Vorgehen wie folgt: „Ausgangspunkt kausalanalytischer Modelltests sind im Allgemeinen die Varianzen und Kovarianzen experimenteller und nichtexperimenteller Daten, mit denen eine theoretische Struktur, formalisiert als lineares Gleichungssystem, getestet wird. (...) Charakteristisch für die Kausalanalyse ist, dass der methodische Ansatz es erlaubt, explizit zwischen beobachteten und theoretischen Variablen zu trennen, statistisch Substanz- und Messfehleranteile zu separieren und vermutete kausale Beziehungsstrukturen auf der Ebene von theoretischen Variablen zu testen."[314]

Ein konsistentes, theoretisch abgeleitetes Hypothesensystem beinhaltet sowohl Hypothesen zur Erklärung latenter Variablen durch beobachtbare Indikatorvariablen sowie Hypothesen bezüglich vermuteter Zusammenhänge zwischen mehreren latenten Variablen.[315] Dazu werden die nicht-beobachtbaren Variablen in einem Strukturgleichungsmodell zueinander in lineare Beziehungen gesetzt.[316] Zur Schätzung der Strukturbeziehungen bedarf es eines Messmodells zu jeder latenten Variablen, welches den Zusammenhang zwischen Indikatorvariablen (manifesten Indikatoren) der jeweiligen latenten Variablen und der latenten Variable selbst wiedergibt. Folglich ist eine Kombination aus Messmodell und Strukturmodell charakteristisch für Kausalmodelle.[317]

---

[312] Vgl. Huber et al. (2005), S. 5.
[313] Vgl. Bickhoff et al. (2003), S. 53.
[314] Homburg/Hildebrandt (1998), S. 19.
[315] Vgl. Huber et al. (2005), S. 5.
[316] Vgl. Homburg/Hildebrandt, 1998, S. 18.
[317] Vgl. Huber et al. (2005), S. 8.

Da die Erfassung latenter Variablen mittels Indikatoren jedoch immer mit Messfehlern verbunden ist, sollte das anzuwendende Verfahren solche explizit bei der Modellierung berücksichtigen. Bei der Generierung des Messmodells ist es dabei vonnöten, eine Differenzierung zwischen reflektiven und formativen Indikatoren für die einzelnen latenten Größen vorzunehmen.[318] Die folgende Abbildung illustriert beispielhaft ein vollständiges Kausalmodell:

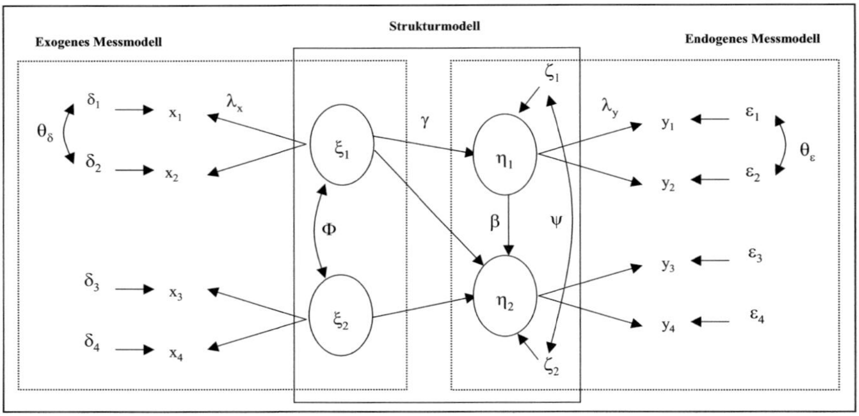

Abb. 12: Komplettes Kausalmodell mit Fehlertermen
Quelle: In Anlehnung an Ringle (2004), S. 9.

Das Modell enthält Hypothesen zur Erklärung nicht beobachtbarer (latenter) Variablen (ξ und η) durch beobachtbare Indikatorvariablen (x und y) sowie Hypothesen bezüglich vermuteter Zusammenhänge zwischen mehreren latenten Variablen. Latente Variablen, die andere latente Variablen im Strukturmodell erklären, werden als exogen (ξ) bezeichnet und solche, die durch exogene latente Variablen erklärt werden, als endogen (η). Das Beispiel eines Strukturmodells in Abbildung 13 zeigt, dass die latente endogene Variable η_1 durch die latenten exogenen Variablen ξ_1 und ξ_2 sowie die Residualvariable ζ_1 erklärt wird, die latente endogene Variable η_2 durch die

[318] Auf die Unterscheidung reflektiver und formativer Konstrukte wird in Kapitel 4.2.2 näher eingegangen.

latenten exogenen Variablen ξ_2 und ξ_3, die Residualvariable ζ_2 sowie die latente endogene Variable η_1.

Zur Schätzung von Kausalmodellen stehen dem Forscher grundsätzlich zwei verschiedene Verfahren zur Überprüfung der Zusammenhänge zwischen latenten Variablen zur Verfügung: kovarianzbasierte und varianzbasierte Ansätze. Beide stimmen hinsichtlich formaler Überlegungen zum Strukturmodell überein und erlauben beispielsweise die Integration von Messfehlern in die Modellformulierung. Die entscheidenden Unterschiede bestehen in den Schätzmethoden und den anwendbaren Messmodellen für latente exogene Variablen, wodurch sich eine Reihe weiterer spezifischer Implikationen ergibt. Neben der weit verbreiteten Kovarianzstrukturanalyse existiert mit der varianzbasierten Partial-Least-Squares (PLS)-Methode ein weiterer empirischer Ansatz zur Überprüfung theoretisch festgelegter, hypothesenbasierter Wirkungsrichtungen (Pfade), der von ursprünglich von *Wold* entwickelt wurde und eine Alternative für die Schätzung von Kausalmodellen darstellt.[319]

Bei beiden Verfahren setzen sich die Modelle formal aus zwei linearen Gleichungssystemen zusammen, einem inneren und einem äußeren. Das innere Modell spezifiziert die Beziehungen zwischen den latenten Variablen (Strukturebene) und lässt sich gemäß der Gleichung

$$(1)\ \eta = B\eta + \Gamma\xi + \zeta$$

formalisieren.[320] Dagegen misst das äußere Modell die Beziehungen zwischen den latenten Variablen und den ihnen jeweils zugeordneten (beobachteten) manifesten Variablen, welche zur Messung einer latenten Variablen im Kausalmodell dienen (Messmodellebene). Für jeden Block manifester

---

[319] Vgl. grundsätzlich Wold (1980).
[320] Vgl. Huber et al. (2005), S. 8.

Variablen im reflektiven Messmodell können die Beziehungen zu einer latenten Variablen für das reflektive Messmodell der varianzbasierten Analyse folgendermaßen formuliert werden:

(2) $x = \Lambda x \xi + \varepsilon x$ (für latente exogene Variablen)

(3) $y = \Lambda y \eta + \varepsilon y$ (für latente endogene Variablen)

Dabei sind beim PLS-Ansatz reflektive und formative Messmodelle latenter Variablen zu unterscheiden. In ersten Fall werden die Indikatorvariablen im faktoranalytischen Sinne durch die übergeordnete latente Variable „reflektiert" (nach außen gerichtete Beziehungen). Aufgrund theoretischer Überlegungen kann es auch sinnvoll sein, dass latente Variablen durch ihre Indikatoren „geformt" (nach innen gerichtete Beziehungen) werden.[321] Formalisiert lassen sich diese Indikatorrelationen wie folgt darstellen:

(4) $\xi = \Pi\xi\ x + \delta\xi$ (für exogenen latente Variablen)

(5) $\eta = \Pi\eta\ y + \delta\eta$ (für endogene latente Variablen)

Dabei bezeichnen Π_ξ und Π_η multiple Regressionskoeffizienten, die den Effekt der manifesten auf die latente Variable beschreiben, δ_ξ und δ_η stehen hierbei für die zugehörigen Messfehlerterme. Der Messfehler bedeutet eine Abweichung des aus den Indikatoren resultierenden Konstruktwerts vom wahren Konstruktwert, da die Itembatterie nicht alle Facetten des Konstruktes zu messen vermag. *Lohmöller* bezeichnet diese Abweichung δ_ξ als „lack of validity"[322]. Da die Erklärung von abhängigen latenten Variablen durch das Strukturmodell in der Praxis nicht perfekt gelingt, verbleibt eine Restvarianz ζ_η, die auf nicht im Modell liegende Gründe zurück zu führen ist.[323]

---

[321] Vgl. Diamantopoulos/Winkelhofer (2001), S. 270 f.
[322] Lohmöller (1989), S. 15.
[323] Vgl. Huber et al. (2005), S. 9.

Die bisherigen Darstellungen weisen darauf hin, dass die Schätzungen der theoretisch vermuteten Ursache-Wirkungs-Zusammenhänge zwischen latenten Variablen im Strukturmodell prinzipiell dem Verfahren der multiplen Regressionsanalyse entsprechen. Allerdings werden beim Verfahren der Regressionsanalyse direkt gemessene Variablen zueinander in Beziehung gesetzt. Um eine Schätzung durchführen zu können, sind die latenten Variablen zu bestimmen. Eine solche Bestimmung erfolgt über das Messmodell einer jeden exogenen und endogenen latenten Variablen im Strukturmodell.[324]

Kovarianzbasierte Verfahren wie z. B. LISREL schätzen die Modellparameter, indem sie die empirische Kovarianzmatrix der Indikatoren bestmöglich reproduzieren. Dafür stehen verschiedene Algorithmen wie etwa Maximum Likelihood, Generalized Least Squares, Weighted Least Squares und Unweighted Least Squares zur Verfügung, die alle zu konsistenten Schätzern führen.[325] Das varianzbasierte Verfahren, dass bspw. mit der Software PLS-Graph abgearbeitet werden kann, stützt sich hingegen darauf, „Fallwerte der Rohdatenmatrix mit Hilfe einer Kleinst-Quadrate-Schätzung, die auf der Hauptkomponentenanalyse und der kanonischen Korrelationsanalyse aufbaut, möglichst genau zu prognostizieren“[326].Dabei verläuft die Schätzung von Kausalmodellen unter Verwendung des PLS-Verfahrens prinzipiell in drei Stufen.[327] Auf der ersten Stufe werden auf Grundlage der Rohdatenmatrix Werte für die latenten Variablen geschätzt, wozu ein Algorithmus in iterativer Wiederholung von vier einzelnen Schritten zur Anwendung kommt. Nachdem die Schätzwerte für die latenten Variablen feststehen, folgt die Bestimmung der Faktorladungen und Pfadkoeffizienten mittels des Verfahrens der Kleinst-Quadrate-Regression auf der zweiten Stufe. Anschliessend werden auf der

[324] Vgl. Ringle (2004), S. 12.
[325] Für eine detailliertere Beschreibung der einzelnen Algorithmen vgl. Ringle (2004), S. 14 f.
[326] Backhaus et al. (2000), S. 412.
[327] Vgl. Lohmöller (1989), S. 30 f.

dritten Stufe die Mittelwerte und das konstante Glied („location parameter“) für die linearen Regressionsfunktionen geschätzt.[328]

Aufgrund der partiellen Schätzung einzelner Elemente des Kausalmodells werden für die Ermittlung verlässlicher Ergebnisse mit dem PLS-Verfahren geringe Stichproben benötigt als für die Kovarianzstrukturanalyse.[329] Im Unterschied zu kovarianzbasierten Verfahren, in denen eine größere Stichprobe zu einer verbesserten Schätzung führt, wird die latente Variable im varianzbasierten Ansatz auch durch eine höhere Anzahl von Indikatorvariablen in einem Messmodell besser erklärt. *Chin* und *Newsted* bemerken hierzu: „In PLS, better estimates cannot simply be obtained by increasing the sample size. Both more indicators and more cases are needed.“[330]

Dieser Zusammenhang wird als „consistency at large“ bezeichnet.[331] Auch bei der Schätzung von Kausalmodellen mit dem PLS-Verfahren kommt der Modellbeurteilung eine zentrale Rolle zu, wobei jedoch aufgrund fehlender empirischer Verteilungsannahmen im Vergleich zur Kovarianzanalyse die Anzahl möglicher Gütemaße wesentlich geringer ist. Die parametrisch ausgerichteten Techniken für Signifikanztests zur Modellbeurteilung eignen sich nicht für die PLS-Methode. Es wird daher die Tatsache ausgenutzt, dass das PLS-Verfahrens von Verteilungsannahmen befreitet ist.[332]

4.2.2 Bedeutung reflektiver und formativer Konstrukte

Grundsätzlich können, wie bereits dargestellt, latente Variablen auf zwei unterschiedliche Arten operationalisiert werden: mit Hilfe eines reflektiven oder eines formativen Messmodells. In der empirischen Marketingforschung wird

---

[328] Vgl. Lohmöller (1989), S. 30 f.; Chin/Newsted (1999) S. 319 ff.
[329] Vgl. Chin/Newsted (1999) S. 314.
[330] Chin/Newsted (1999) S. 329.
[331] Vgl. Fornell/Cha (1994), S. 67.
[332] Vgl. Chin/Newsted (1999), S. 328.

der Wahl des passenden Messmodells zur Operationalisierung latenter Variablen bislang wenig Beachtung geschenkt. Diese Tatsache sowie die Dominanz reflektiv operationalisierter Konstrukte ist u. a. darauf zurückzuführen, dass die gängigen Softwarepakete zur Analyse von Strukturgleichungsmodellen (insbesondere LISREL) standardmäßig ein reflektives Messmodell unterstellen.[333]

Entscheidet sich der Forscher für ein reflektives Messmodell, so geht er von der Prämisse aus, dass die latente Variable ihre Indikatoren verursacht. Diese stellen ein Spiegelbild des Konstruktes in der Realität dar. Hierbei ändert sich die Ausprägung eines jeden Spiegelbildes (Indikators) bei einer Veränderung des Konstruktes. Da alle Indikatoren Änderungen des Konstruktwertes widerspiegeln, stellt die Elimination einzelner Indikatorvariablen aus konzeptioneller Sicht kein Problem dar. Ein formatives Messmodell hingegen unterstellt, dass die Indikatoren die latente Variable verursachen bzw. „formen". Jeder Indikator repräsentiert dabei eine definierende Eigenschaft des zugehörigen Konstruktes. Dies impliziert, dass sich die Konstruktausprägung aufgrund einer Variation des Indikators verändert, umgekehrt ist dies nicht zwangsläufig der Fall. Weil ein formatives Konstrukt von der Gesamtheit seiner Indikatoren definiert wird, ist die Eliminierung gering korrelierter Indikatoren aus modelltheoretischen Überlegungen heraus nicht erforderlich und in konzeptioneller Hinsicht auch nicht ohne weiteres zu vertreten.[334] Sind alle relevanten formativen Indikatoren abgebildet, muss bei Änderung des Konstruktwertes eine Modifikation in mindestens einem der Indikatoren zu beobachten sein.[335] Aus wissenschaftstheoretischer Sicht korrespondiert die Entscheidung zwischen einem reflektiven und einem formativen Messmodell mit der Wahl zwischen einem deduktiven und einem induktiven Forschungs-

---

[333] Die Anteile eingesetzter kausalanalytischer Verfahren stellen sich laut einer Studie von *Backhaus* und *Büschken* folgendermaßen dar: LISREL 81%, PLS 14% und EQS (kovarianzbasiert) 5%, vgl. Backhaus/Büschken (1998), S. 165.

[334] Vgl. Eggert/Fassot (2003), S. 5.

[335] Vgl. Jarvis et al. (2003), S. 203 ff.

ansatz.[336] Die folgenden Abbildungen sollen die Unterschiede zwischen die Modellierungen verdeutlichen. In einem formativen Messmodell verursachen die beobachteten Indikatoren $x_1, ..., x_n$ die latente Variable η. Ändert sich einer der Indikatoren, so verändert sich notwendigerweise auch der Wert der latenten Variable η. Die Ausprägung der übrigen Indikatoren kann hiervon unbeeinflusst bleiben. So ist in einem formativen Messmodell durchaus möglich, dass ein Anstieg der latenten Variable η ausschließlich auf dem Zuwachs eines einzelnen Indikators beruht.

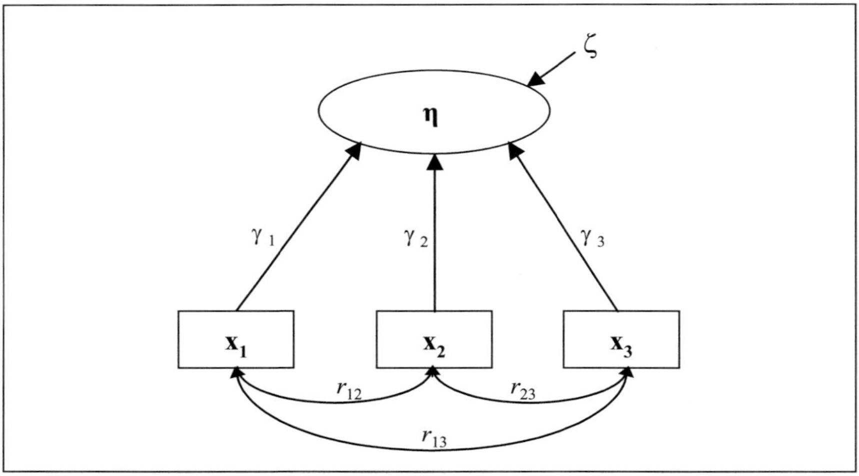

Abb. 13: Formatives Messmodell mit drei Indikatoren
Quelle: In Anlehnung an Eggert/Fassot (2003), S. 3.

In einem reflektiven Messmodell verursacht hingegen die latente Variable η ihre zugeordneten Indikatoren $x_1, ..., x_n$. Die umgekehrte Kausalität ist in der Abbildung durch die Richtung der Pfeile angezeigt, die nun von der latenten Variable zu ihren Indikatoren verläuft. Ändert sich der Wert der latenten Variable η, so verändert sich auch die Ausprägung aller ihrer Indikatoren $x_1, ..., x_n$. Würde es sich bei den Indikatoren um fehlerfreie Messungen der latenten Variable handeln, besäßen alle Indikatoren untereinander einen Korrelations-

[336] Vgl. Eggert/Fassot (2003), S. 5 f.

koeffizienten von eins. Je höher der Messfehler δ_i eines Indikators x_i ausfällt, desto geringer fällt c. p. dessen Korrelation mit den übrigen Indikatoren aus. In einem reflektiven Messmodell sollten die Indikatoren hochgradig korreliert sein, da sie grundsätzlich austauschbare Messungen der latenten Variable darstellen.[337]

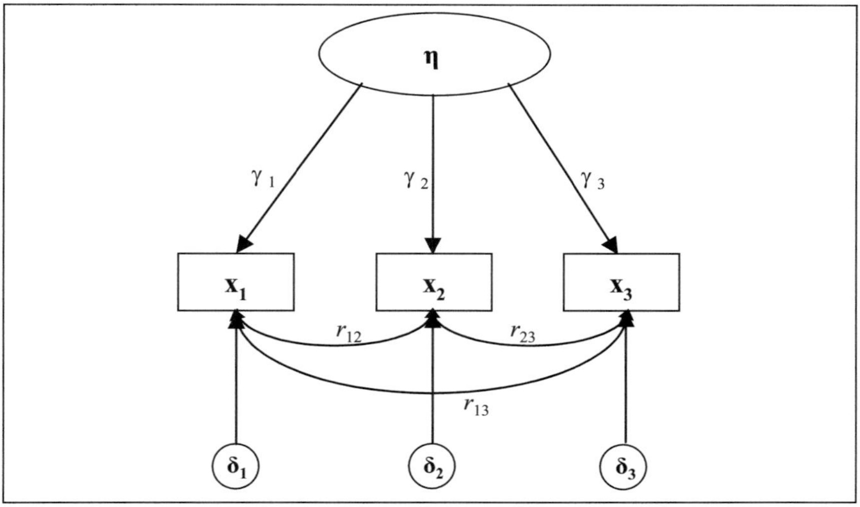

Abb. 14: Reflektives Messmodell mit drei Indikatoren
Quelle: In Anlehnung an Eggert/Fassot (2003), S. 4.

Der fundamentale Unterschied zwischen einem formativen und einem reflektiven Messmodell liegt also in der Richtung der Kausalität zwischen der latenten Variable und ihren Indikatoren begründet. Während in formativen Messmodellen die Indikatorvariablen die latente Variable verursachen, bildet in reflektiven Messmodellen die latente Variable die Verursachungsquelle der Indikatoren.

---

337 Vgl. Eggert/Fassot (2003), S. 4.

Im Folgenden soll auf einer Abwägung von Vor- und Nachteilen basierend eine Entscheidung zugunsten eines für das Forschungsvorhaben adäquaten Analyseverfahren getroffen werden.

4.2.3 Zur Wahl der PLS-Methode

Vor- und Nachteile zwischen den Verfahren der varianzbasierten Analyse und der Kovarianzstrukturanalyse wurden bereits erläutert. So ist die Entscheidung zugunsten einer Methode z. B. abhängig von der Größe der Stichprobe, da eine größere Stichprobe im PLS-Verfahren keine verbesserte Erklärung der latenten Variablen nach sich zieht. Auch die Zielsetzung der Untersuchung sollte bei der Entscheidung berücksichtigt werden.

Da kovarianzbasierte Verfahren zur Bestimmung der Modellschätzer alle in der Kovarianzmatrix gegebene Information ausnutzen, welche erwartungstreue Schätzparameter liefern, lassen sich bei Annahme von Normalverteilung der Ausgangsdaten anhand der Signifikanzaussagen gute Rückschlüsse auf die Grundgesamtheit treffen. Varianzbasierte Verfahren hingegen bestimmen die Zusammenhänge im Strukturmodell allein auf Basis der über die Gewichte berechneten Konstruktwerte. Dieser Ansatz führt zu weniger genauen Schätzern, da aber bei diesen Größen die bestmöglichen Nachbildung der Datenmatrix interessiert, besitzen sie bessere Vorhersageeigenschaften als die Parameter, die mittels kovarianzbasierter Verfahren geschätzt wurden.[338]

Demnach eignen sich die kovarianzbasierten Verfahren besser zur Überprüfung oder Entwicklung von Theorien, da sie das Ziel einer bestmöglichen Anpassung der Empirie an die Theorie verfolgen. Ist das Ziel der Untersuchung jedoch eher praxisorientiert und liegt in der Prädiktion oder Erklärung einer Zielvariable, so ist der Einsatz von varianzbasierten Verfahren zu

[338] Vgl. Huber et al. (2005), S. 12.

empfehlen. Auch hinsichtlich der Einbindung formativer Messmodelle bietet die PLS-Methode mehr Handlungsoptionen. Die folgende Übersicht stellt die wichtigsten Unterschiede zwischen den beiden Verfahren noch einmal dar:

Merkmal	**Varianzbasiert**	**Kovarianzbasiert**
Zielsetzung	vorhersageorientiert	parameterorientiert
Verteilungsannahme	keine	normalverteilt
Modellierung des Messmodells	reflektiv und formativ	typischerweise nur reflektiv
Modellkomplexität	hoch (> 100 Konstrukte möglich)	niedrig (< 100 Kons-trukte)
Stichprobengröße	gute Kleinstichproben-Eigenschaften (ab n > 30)	große Stichproben notwendig (ab n > 200)
Anwendungsbereich	eher praxisorientiert	eher theorieorientiert

Tab. 03: Unterschiede zwischen varianz- und kovarianzbasierten Verfahren
Quelle: In Anlehnung an Chin/Newsted (1999), S. 314.

Angesichts des prädiktionsorientierten Charakters dieser Studie und der Tatsache, dass das Ziel vielmehr eine managementorientierte Entscheidungshilfe darstellen soll, liegt die Wahl des PLS-Verfahrens nahe.[339] Es interessiert eine gute Erklärung der Veränderung bzw. der Vorhersage der Zielvariablen Markenloyalität.

Bei der Beurteilung des Gesamtmodells und der Frage, ob empirisch gesicherte Ergebnisse vorliegen, ist hinsichtlich der Gütekriterien eine Unterscheidung zwischen Mess- und Strukturmodell zu treffen. *Chin* stellte dazu einen ausführlichen und auf PLS zugeschnittenen Kriterienkatalog vor, der in der Folge Anwendung finden soll. Auf Messmodellebene muss zwischen reflektiven und formativen Konstrukten unterschieden werden, da sich die Kriterien erheblich unterscheiden. So ist bei der Gütebeurteilung reflektiver

[339] Vgl. Chin/Newsted (1999), S. 337.

Operationalisierungen der erste Blick auf die Höhe der Ladung der einzelnen Indikatoren auf das jeweilige Konstrukt sowie deren Signifikanz zu richten. Die Faktorladungen sollten dabei möglichst einen Wert von mindestens 0,7 annehmen. Dieser Wert impliziert, dass mehr als 50% der Varianz eines Indikators auf die latente Variable zurückzuführen ist.[340]

Zur Berechnung der Signifikanz ermittelt PLS mit Hilfe der beiden Prozeduren „Bootstrapping“ und „Jackknifing“ t-Werte, welche bei einem Signifikanzniveau von 5% größer als 1,66 sein sollten (einseitiger Test). Da die „Bootstrapping“-Methode einen geringeren Standardfehler aufweist, wird ihr in der vorliegenden Untersuchung der Vorzug gegeben.[341] Im formativen Modell beträgt der kritische t-Wert für ein 5%iges Signifikanzniveau 1,98. Die Ladungen der Indikatoren sind hier irrelevant. Stattdessen sind die Gewichte von Bedeutung, die keiner konkreten Vorgabe unterliegen. *Lohmöller* schlägt allerdings eine Mindesthöhe von 0,1 vor.[342]

Zur weiteren Überprüfung der Validität reflektiver Konstrukte ist die Konvergenzvalidität zu prüfen. Dazu werden Faktorreliabilität und durchschnittlich erfasste Varianz (DEV) herangezogen, wobei erstere ein Maß für die Beurteilung der Eignung eines Faktors zur Erklärung des zu ihm in Beziehung stehenden Blocks reflektiver Indikatorvariablen darstellt. Das von *Fornell* und *Larcker* vorgeschlagene Kriterium der DEV überprüft, wie hoch der durch einen Faktor erklärte Varianzanteil manifester Variablen in Relation zum nicht erklärten Varianzanteil ist.[343] Als nicht mehr akzeptabel werden dabei im Schrifttum Werte von unter 0,7 für die Konstruktreliabilität sowie von unter 0,6 für die DEV angesehen.[344]

---

340 Vgl. Huber et al. (2005), S. 31.
341 Vgl. Fornell/Cha (1994), S. 68 ff.
342 Vgl. Lohmöller (1989), S. 60 f.
343 Vgl. Fornell/Cha (1994), S. 69.
344 Vgl. Homburg/Baumgartner (1998), S. 361 sowie die dort zitierte Literatur.

Die Diskriminanzvalidität ist für das reflektive und formative Messmodell gleichermaßen zu überprüfen. Das Kriterium leitet sich aus der DEV ab und verlangt, dass die gemeinsame Varianz zwischen der latenten Variablen und ihren Indikatoren größer ist als die gemeinsame Varianz mit anderen latenten Variablen. Somit muss für reflektive Messmodelle die DEV der latenten Variablen größer sein als jede quadrierte Korrelation mit einem anderen Faktor (Fornell-Larcker-Kriterium). Im Falle formativer Operationalisierung gibt die Korrelationsmatrix der Konstruktwerte Aufschluss über eine hinreichende Diskriminanz; hierbei sollten die Korrelationen kleiner als 0,9 sein.

Die Vorhersagevalidität auf Messmodellebene wird für reflektiv operationalisierte Konstrukte mittels Stone-Geissers Q^2 geprüft, welches den kritischen Wert von 0 übersteigen sollte, damit dem Modell Vorhersagerelevanz zugesprochen werden kann. Der Wert gibt eine Aussage darüber, wie gut eine Rekonstruktion der latente Variable durch ihre Indikatoren möglich ist. Dazu werden die Höhe der Residuen der Modellschätzung für die Indikatorvariablen mit der Höhe der Residuen einer trivialen Vorhersage auf Basis der Höhe der Mittelwerte der Indikatoren eines Konstruktes verglichen.[345]

Das Gütekriterium Multikollinearität findet nur bei formativen Messmodellen Anwendung. Für jede Variable des formativen Konstruktes wird dabei überprüft, ob diese durch die übrigen Variablen erklärt wird. Ausgangspunkt einer solchen Überprüfung ist die Berechnung mehrerer linearer Regressionen, bei denen jeweils eine der ursprünglichen unabhängigen Indikatoren durch die anderen Indikatoren erklärt wird. Im Anschluss wird für jede Regression das Bestimmtheitsmaß, also der Anteil der durch die anderen Variablen erklärten Varianz an der Gesamtvarianz der betrachteten Variablen, ermittelt. Die korrelierte Variable muss entfernt werden, sofern der Varianzin-

[345] Vgl. Fornell/Cha (1994), S. 72 f.

flationsfaktor (VIF) den Wert von 10 überschreitet, also unerwünschte Multikollinearität vorliegt.

Höhe und Korrelation der Residuen ergeben Aufschlüsse über die Unidimensionalität der Konstruktmessung. Diese beschreibt, ob eine klare Zuordnung von Indikatoren zu einem reflektiven Konstrukt besteht; dabei sollten die Indikatoren eines reflektiven Konstrukts nur miteinander eine hohe Korrelation aufweisen. Finden sich beträchtliche Residuen, welche eine hohe Korrelation aufweisen, so ist die Unidimensionalität der Messung fraglich. Eine Übersicht über die Kriterien auf Ebene des Messmodells findet sich in folgender Tabelle:

Kriterium	**Reflektives Messmodell**	**Formatives Messmodell**
Ladung	> 0,7	nicht relevant
Gewichte	nicht relevant	> 0,1
t-Wert	> 1,66 (einseitiger Test)	> 1,98 (zweiseitiger Test)
Konvergenzkriterien: *Konstruktreliabilität* *DEV*	 > 0,7 > 0,6	 nicht möglich nicht möglich
Diskriminanzvalidität	Fornell-Larcker-Kriterium	Konstruktkorrelationen < 0,9
Vorhersagevalidität	Stone-Geissers $Q^2 > 0$	nicht möglich
Multikollinearität	nicht möglich	VIF < 10
Unidimensionalität	Höhe und Korrelation der Residuen	nicht möglich

Tab. 04: Prüfkriterien reflektiver und formativer Messmodelle in PLS
Quelle: In Anlehnung an Huber et al. (2005), S. 40.

Auf Strukturmodellebene erfolgt eine Evaluation der hypothetischen Beziehungen zwischen den Modellelementen. Die Strukturparameter geben Aufschluss über die Einflussstärke eines Konstrukts auf ein kausal nachfolgendes. Es wird empfohlen, Pfadkoeffizienten erst bei einem 0,1 überschreitenden Wert ins zu berücksichtigen.[346] Zur Abschätzung der Güte dient wiederum die Höhe der Parameter sowie Signifikanzen auf Basis von t-Werten der Bootstrap-Prozedur.[347] Eine Begutachtung der erklärten Varianz einer Variablen erfolgt über das Bestimmtheitsmaß R^2, dass den Anteil der Zielvariable angibt, der durch die ursächlichen Größen erklärt wird. Es sollte einen Wert über 0,3 aufweisen.

Basierend auf den von PLS berechneten Konstruktwerten lässt sich der VIF berechnen, anhand dessen der Forscher, in Analogie zur Messmodellebene bei formativen Konstrukten, den Grad der Multikollinearität zwischen den Prädiktoren berechnen kann.

Kriterien Strukturmodell	
Strukturparameter	> 0,1
t-Wert	> 1,98 (zweiseitiger Test)
Bestimmtheitsmaß R^2	> 0,3
Multikollinearität	VIF < 10
Vorhersagevalidität (Redundanz)	Stone-Geissers $Q^2 > 0$

Tab. 05: Prüfkriterien des Strukturmodells im PLS-Verfahren
Quelle: In Anlehnung an Huber et al. (2005), S. 40.

Schließlich ist die Vorhersagevalidität auf Strukturebene hinsichtlich endogener, reflektiver Konstrukte zu prüfen. Es wird dazu auf das aus dem Messmodell bekannte Stone-Geisser Q^2-Kriterium zurückgegriffen, allerdings steht auf dieser Ebene die Redundanz und nicht die Kommunalität im Vordergrund. Der kritische Wert von 0 sollte dazu überschritten werden.

Aussagen zur Güte des globalen Modellfits können aufgrund mangelnder Simultanität der Parameterschätzung in PLS nicht getroffen werden. Dennoch

[346] Vgl. Lohmöller (1989), S. 60 f.
[347] Vgl. Huber et al. (2005), S. 35.

erlauben die zur Verfügung stehenden Kennzahlen eine umfassende Abschätzung der Qualität des Modellzusammenhangs. Bei der Begutachtung von PLS Schätzergebnissen ist grundsätzlich zu beachten, dass die Beziehungen der Messmodellebene über- und die des Strukturmodells unterschätzt werden. Diese Tatsache ist aber nur von Interesse, wenn die Schätzergebnisse auf eine Grundgesamtheit zu verallgemeinern sind. Um den Verzerrungen Rechnung zu tragen, werden bei der Begutachtung von Strukturmodellen konservative Werte eingesetzt, um der Akzeptanz invalider Indikatoren vorzubeugen.[348]

4.3 Operationalisierung der zu untersuchenden Konstrukte

4.3.1 Einstellung zum Kauf

Die am häufigsten angewandte Methode der direkten Einstellungsmessung ist das semantische Differenzial von *Osgood et al.*, das aus bipolaren Rating-Skalen besteht.[349] Für das zu überprüfende Modell wurden daher Items gewählt, die die Einstellung gegenüber dem Kauf der Marke Apple erfassen. Dem Prinzip der Korrespondenz folgend, ist im Rahmen der Theorie des geplanten Verhaltens nicht die Einstellung gegenüber einem Einstellungsobjekt von Relevanz, sondern die Einstellung zu einem spezifischen Verhalten.[350].

Die Auswahl der Items zur Einstellungserfassung erfolgte anhand der von *Ajzen* und *Fishbein* erarbeiteten Skalen, die sich in zahlreichen Studien als valide und reliabel erwiesen haben.[351] Dabei wurden 7- stufige Rating-Skalen verwendet, um den Befragten auch die Möglichkeit einer indifferenten Antwort zu geben. Obwohl die dargestellten Rating-Skalen im strengen Sinne ordinalskaliert sind, kann davon ausgegangen werden, dass die semantischen

[348] Vgl. Chin/Newsted (1999), S. 312 f.
[349] Vgl. Osgood et al. (1957).
[350] Vgl. Ajzen/Fishbein (2000), S. 17.
[351] Vgl. bspw. Oliver/Bearden (1985); Bagozzi et al. (1992).

Abstände entweder sämtlich gleich sind oder zumindest subjektiv so eingeschätzt und interpretiert werden können. Dies bedeutet, dass den einzelnen semantischen Ausprägungen des Beurteilungskriteriums feste Zahlenwerte mit gleichbleibendem Intervall zugeordnet werden können, wodurch die Rating-Skala die Eigenschaften einer Intervallskala annimmt und entsprechende Behandlung erfährt.[352] Die positiven Begriffe befanden sich dabei jeweils auf der linken Seite der Skala, die negativen auf der rechten Seite. Die Indikatoren sollen die Einstellung der Individuen abbilden, sie reflektieren die Größen der latenten Variable. Eine Einstellungsänderung wird sich auf die gesamte Indikatorenschar auswirken, eine reflektive Operationalisierung erscheint deswegen angebracht.[353]

Auf eine Vermischung positiver und negativer Begriffe, wie sie oft aus Gründen der Vermeidung so genannter Reihenstellungseffekte empfohlen wird, wird aufgrund schlechter Erfahrungen anderer Autoren, wonach eine derartige Vorgehensweise eher zu Verwirrung bei den Befragten als zu besseren Antwortergebnissen führt, verworfen.[354] Gefragt wurde: „Wenn Sie ganz allgemein an den Kauf eines Produktes von Apple denken, welche Begriffe verbinden Sie mit dem Kauf?“. Dazu ergab sich folgendes semantisches Differenzial:

[352] Vgl. Hammann/Erichson (2000), S. 341.
[353] Vgl. Jarvis et al. (2003), S. 200 f.
[354] Von Reihenstellungseffekten spricht man, wenn die Beantwortung einer Teilfrage die darauf folgende Teilfrage beeinflusst, vgl. Scharitzer (1994), S. 124.

Ankerpunkte der 7-Punkte-Skala	Faktorladung	t-Wert
gut - schlecht	0,8888	45,29
angenehm - unangenehm	0,8800	39,13
vorteilhaft - unvorteilhaft	0,8086	22,60
interessant - uninteressant	0,7778	15,60
wichtig - unwichtig	0,7338	23,91

Tab. 06: Skala zur Erfassung der Einstellung zum Kauf

Alle anhand der Vorüberlegungen ausgewählten Indikatoren überschreiten die kritischen Werte für Faktorladungen und t-Werte. Somit erweisen sich alle Indikatoren als signifikant. Aufgrund einer akzeptablen DEV von 0,672 verbleiben daher alle Indikatoren im Messmodell. Diese Entscheidung wird durch die Werte für die Konstruktreliabilität (0,911) bestätigt. Weitere Prüfgrößen wie das Fornell-Larcker-Kriterium sind erfüllt, Diskriminanzvalidität ist somit gegeben. Der berechnete Q^2-Wert weist darauf hin, dass die Rekonstruktion der latenten Variable durch ihre Indikatoren gut gelingt. Für das Modell kann daher Vorhersagevalidität angenommen werden. Eine Faktoranalyse zeigt zudem auf, dass eine klare Zuordnung von Indikatoren zum Konstrukt besteht, Unidimensionalität ist somit gegeben.

Kriterien	
Konvergenz: Durchschnittlich erfasste Varianz (DEV) Konstruktreliabilität	 0,672 0,911
Diskriminanzvalidität: Fornell-Larcker-Kriterium	 Erfüllt
Vorhersagevalidität (Q^2)	Erfüllt
Unidimensionalität	Erfüllt

Tab. 07: Evaluation der Operationalisierung des Konstrukts Einstellung zum Kauf

4.3.2 Subjektive Norm

Das Konstrukt der subjektiven Norm bezieht sich auf den sozialen Druck, den eine Person im Hinblick auf die Ausführung oder Nicht-Ausführung eines Verhaltens von wichtigen Bezugspersonen oder Personengruppen empfindet. Im Falle der vorliegenden Untersuchung interessiert das Kaufverhalten im Hinblick auf die Marke Apple, eine Bezugsgruppe stellt die die Brand Community dar. Der Fragenkatalog basiert auf den von *Ajzen* vorgeschlagenen Fragen, wurde aber in Anlehnung die Studie von *Algesheimer* an den Kontext der Brand Communities angepasst.[355]

Items	Faktorladung	t-Wert
Item 1: Um von der Community akzeptiert zu werden, muss ich mich so verhalten, wie die Community es von mir erwartet.	0,7303	12,81
Item 2: Mein Verhalten hängt davon ab, wie andere Mitglieder der Community möchten, dass ich mich verhalte.	0,9274	46,34
Item 3: Ich empfinde einen gewissen Druck, mich den Regeln der Community anzupassen.	0,7621	12,66
Item 4: Andere Mitglieder der Community passen sehr genau darauf auf, dass die Regeln eingehalten werden.	(eliminiert)	n.s.
Item 5: Wenn ich eine Community-Regel brechen würde, müsste ich damit rechnen, dass mir Privilegien entzogen werden.	(eliminiert)	n.s.

Tab. 08: Skala zur Erfassung der subjektiven Norm

Somit wird Konstrukt „subjektive Norm" mit 5 Indikatoren abgefragt, wobei die Items 1-3 auf den wahrgenommenen Zwang zu gruppenkonformem Verhalten und die Items 4 und 5 auf Androhung von Sanktionen in Falle nichtkonformen Verhaltens abzielen. Die Items wurden mit Hilfe einer siebenstufigen Rating-Skala und den Ankerpunkten „trifft vollkommen zu" bzw. „trifft überhaupt nicht

[355] Vgl. Algesheimer (2004), S. 295.

zu“ abgefragt. Befasst man sich mit der Frage der Kausalität zwischen Indikator und latenter Variable gelangt man zu der Einsicht, dass ein vom Brand Community-Mitglied empfundener Gruppendruck nur Folge, nicht Ursache der subjektiven Norm sein kann. Die Indikatoren vermögen diese Größe nur abzubilden, das Konstrukt ist somit reflektiv zu operationalisieren.

Die iterativen Schätzungen in PLS führen aufgrund geringer Varianzaufklärung (0,465) und niedriger Faktorladungen zu dem Ergebnis, dass für eine adäquate Erfassung des Konstruktes die Elimination zwei der fünf beobachtbaren Variablen erforderlich ist. Aufgrund niedriger Faktorladungen wird zunächst Item 4 (0,3565), anschließend Item 5 (0,5913) aus der Skala entfernt. Alle anderen Faktorladungen sind signifikant und die Indikatorreliabilitäten übersteigen die geforderten Mindestmaße. Der erklärte Varianzanteil manifester Variablen in Relation zum nicht erklärten Varianzanteil beträgt 65,8%. Die Konstruktreliabilität beträgt 0,851 und liegt über dem geforderten Mindestmaß von 0,7. Von der Elimination weiterer Indikatoren wird daher abgesehen.

Kriterien	
Konvergenz: Durchschnittlich erfasste Varianz (DEV) Konstruktreliabilität	 0,658 0,851
Diskriminanzvalidität: Fornell-Larcker-Kriterium	 Erfüllt
Vorhersagevalidität (Q^2)	Erfüllt
Unidimensionalität	Erfüllt

Tab. 09: Evaluation der Operationalisierung des Konstrukts subjektive Norm

Die weiteren Gütekriterien sind in Tabelle 9 zusammengefasst. Sowohl das Fornell-Larcker-Kriterium als auch Stone-Geissers Q^2-Kriterium sind erfüllt, die bisherigen Ergebnisse werden dadurch gestützt. Die Durchführung einer Faktorenanalyse weist nach, dass die Indikatoren hoch auf einen gemeinsamen Faktor laden. Das Kriterium der Unidimensionalität ist somit ebenfalls erfüllt.

4.3.3 Wahrgenommene Verhaltenskontrolle

Die wahrgenommene Verhaltenskontrolle als das Ausmaß, in dem die Person glaubt, Kontrolle darüber zu haben, innerhalb absehbarer Zeit den Kauf eines Apple-Produktes durchführen zu können, wurde mithilfe dreier Items auf einer jeweils siebenstufige, bipolaren Skala erfasst. Die Fragen orientieren sich an den Vorschlägen von *Ajzen.* Sie wurden den Studien *Sheeran/Orbells* entnommen, die dort eine hohe Reliabilität von 0,90 aufweisen konnten, und leicht modifiziert In einer Meta-Analyse über 90 Studien konnte für die wahrgenommene Verhaltenskontrolle im Kontext der Theorie des geplanten Verhaltens ein durchschnittlicher Alpha-Koeffizient von 0,65 nachgewiesen werden, ein signifikanter Beitrag zum Kausalmodell ist zu erwarten.[356]

Items	Faktorladung	t-Wert
Item 1: Für mich wäre der Kauf eines Produktes von Apple...[357]	0,8956	33,19
Item 2: Wenn ich es möchte, kann ich mir ein Produkt von Apple kaufen.	0,8356	17,86
Item 3: Es liegt alleine in meiner Macht, ob ich mir ein Produkt von Apple kaufe.	0,7758	9,48

Tab. 10: Skala zur Erfassung der wahrgenommenen Verhaltenskontrolle

Bezüglich der Operationalisierung des Messmodells erscheint offensichtlich, dass die Indikatoren den Grad der wahrgenommenen Kontrolle über das Verhalten wiedergeben und keinesfalls formen. Sie erlauben ein Sichtbarmachen der nicht unmittelbar beobachtbaren latenten Variablen und variieren in ihrer Gesamtheit, sofern sich Konstruktwert verändert. Ein Austausch oder

---

[356] Vgl. Ajzen (2002), S. 7.
[357] Ankerpunkte von 1= „absolut möglich“ bis 7=„absolut unmöglich“.

eine Elimination einzelner Indikatoren modifiziert den Erklärungsgehalt der Variable nicht. Das Konstrukt ist reflektiv zu operationalisieren.

Alle Faktorladungen und t-Werte erweisen sich als signifikant, auch die Plausibilität der Vorzeichen ist gegeben. Es besteht deshalb keine Veranlassung, Indikatoren zu eliminieren. Für die Güte dieses Messansatzes spricht zudem die durchschnittlich erklärte Varianz, die einen Wert von 0,701 annimmt, und damit das geforderte Mindestniveau von 0,6 überschreitet. Ferner bestätigt die Konstruktreliabilität in Höhe von 0,875 die hohe Konvergenzvalidität des 3-Indikatorenmodells. Für diesen Messansatz kann Vorhersagevalidität angesichts von Stone-Geissers Q^2-Wert von 0,39 angenommen werden. Darüber hinaus werden die Kriterien für die Diskriminanzvalidität sowie die Unidimensionalität erfüllt.

Kriterien	
Konvergenz: Durchschnittlich erfasste Varianz (DEV) Konstruktreliabilität	 0,701 0,875
Diskriminanzvalidität: Fornell-Larcker-Kriterium	 Erfüllt
Vorhersagevalidität (Q^2)	Erfüllt
Unidimensionalität	Erfüllt

Tab. 11: Evaluation der Operationalisierung des Konstrukts wahrgenommene Verhaltenskontrolle

4.3.4 Markenvertrauen

Im Rahmen der Diskussion um die geeignete Konzeptualisierung des Markenvertrauens existieren zahlreiche Vorschläge zur Messung des Konstruktes. Die Auswahl von Indikatoren zur Generierung einer geeigneten Skala orientiert sich an Items, auf die in der Forschung häufig zurückgegriffen wird sowie im Einklang mit den Überlegungen zur Konzeption des Konstruktes. Die in der Tabelle dargestellte Skala besteht aus vier Items von *Holbrook* und *Chaudhuri* (Items 1-4), sowie aus einem Item von *Verhoef et al.* (Item 5), welche sich jeweils als reliabel und valide erwiesen haben.[358]

Zunächst gilt das Augenmerk wiederum der Form der Operationalisierung des Konstruktes. Die gewählten Indikatoren sind untereinander stark korreliert und sind demnach voneinander abhängig, da sie die gleiche Erklärungskraft für die latente Variable besitzen. Die Entfernung einer Indikatorvariablen aus dem Messmodell reduziert den Erklärungsgehalts des Konstruktes nicht. Es handelt sich also Repräsentanten des Konstruktes, welche sich ohne Schwierigkeiten austauschen lassen, ohne den Definitionsrahmen des Konstruktes zu verschieben. Somit ist das Konstrukt Markenvertrauen reflektiv zu operationalisieren.

Items	**Faktorladung**	**t-Wert**
Item 1: Ich vertraue der Marke.	0,9049	45,28
Item 2: Ich kann mich auf diese Marke verlassen.	0,9054	62,50
Item 3: Apple ist eine ehrliche Marke.	0,9001	49,90
Item 4: Ich fühle, dass ich dieser Marke vollständig vertrauen kann.	0,9071	42,76
Item 5: Bei der Marke kann ich mich darauf verlassen, dass sie hält, was sie verspricht.	0,8831	56,43

Tab. 12: Skala zur Erfassung des Markenvertrauens

In Analogie zu den bereits vorgestellten Skalen lässt sich die Eignung des Inventars überprüfen. Die resultierenden Faktorladungen sind ausgesprochen hoch und weisen dementsprechend nur eine geringe Fehlervarianz auf. Die mit der Bootstrapping-Prozedur berechneten t-Werte sind alle signifikant. Weiterhin sind alle Faktorladungen interpretierbar, wodurch die Plausibilität des Messmodells gegeben ist.

---

[358] Vgl. Holbrook/Chaudhuri (2001), S. 81ff.; Verhoef et al. (2000), S. 35.

Kriterien	
Konvergenz: Durchschnittlich erfasste Varianz (DEV) Konstruktreliabilität	 0,810 0,955
Diskriminanzvalidität: Fornell-Larcker-Kriterium	 Erfüllt
Vorhersagevalidität (Q^2)	Erfüllt
Unidimensionalität	Erfüllt

Tab. 13: Evaluation der Operationalisierung des Konstrukts Markenvertrauen

Die Ermittlung der übrigen bei Messmodellen angelegten Prüfkriterien stützen die bisherigen Ergebnisse. Die DEV und die Konstruktreliabilität weisen Werte von 0,81 bzw. 0,96 aus, das Fornell-Larcker-Kriterium wird ebenfalls erfüllt. Stone-Geissers Q^2 ist größer als Null, somit ist die Summe der Residuen der Modellschätzung für die Indikatorvariablen kleiner als die Summe der Residuen einer trivialen Schätzung auf Basis der Mittelwerte der Indikatoren eines Konstrukts. Dem Modell kann demnach Vorhersagevalidität bescheinigt werden. Ferner wird das Kriterium der Unidimensionalität erfüllt. Somit ergibt sich ein aus fünf Items bestehendes Inventar zur Messung des Markenvertrauens.

4.3.5 Intendiertes Weiterempfehlungsverhalten

Das Konstrukt intendiertes Weiterempfehlungsverhalten der Marke wird über vier Indikatoren operationalisiert. In Anlehnung an *Harrison-Walker* wird die Dimension Aktivität im Sinne der Informationsweitergabefrequenz mit einem Item, die Dimension Lob, verstanden als generelle Bereitschaft zur Mundwerbung, mit den Items 2-4 erfasst. Alle Indikatoren zeigen hinsichtlich Reliabilität und Validität zufriedenstellende Ergebnisse und werden für die vorliegende Untersuchung an die Marke Apple sowie den Kontext der Brand Communities angepasst.

Zunächst ist eine Entscheidung zugunsten einer formativen bzw. reflektiven Operationalisierung des Konstruktes zu fällen. Es lässt sich zeigen, dass es zur Entscheidung zwischen formativen und reflektiven Indikatoren genügt, die Frage nach der kausalen Richtung zwischen Indikator und Konstrukt zu beleuchten, weil daraus die übrigen Eigenschaften folgen.[359] Frequenz und Anzahl von Weiterempfehlungen repräsentieren ein Bild des Konstruktes in der Realität. Sie sind Konsequenzen, nicht determinierende Größen des Konstruktes. Die Ausprägung eines jeden Spiegelbildes variiert bei einer Veränderung des globalen Konstruktwertes. Dem indentierten Weiterempfehlungsverhalten muss daher eine reflektive Operationalisierung zugrunde gelegt werden.

Items	**Faktorladung**	**t-Wert**
Item 1: Ich werde selten eine Gelegenheit auslassen, anderen etwas Positives über Apple zu erzählen.	0,8641	38,84
Item 2: Ich werde Freunde, Verwandte und Bekannte aktiv ermutigen, diese Marke zu kaufen.	0,9126	54,46
Item 3: Falls meine Freunde, Verwandte und Bekannte einen Computer oder MP3-Player suchen, würde ich ihnen empfehlen, dieses Produkt von Apple zu kaufen.	0,8705	46,13
Item 4: Wenn ich positive oder negative Erfahrungen mit Produkten von Apple mache, würde ich auch die anderen Community-Mitglieder über diese Erfahrungen informieren.	(eliminiert)	n.s.

Tab. 14: Skala zur Erfassung des intendierten Weiterempfehlungsverhaltens

Schrittweise wurden die Parameter in der Folge mithilfe von PLS-Graph geschätzt. Das Modell wird nach jeder Elimination neu geschätzt, bis nur noch signifikante Indikatoren mit Faktorladungen >0,8 vorliegen. Dabei wurde ein Item der Dimension Lob entfernt. Da es sich um ein reflektives Konstrukt

[359] Vgl. Huber et al. (2005), S. 21.

handelt, scheint dies gerechtfertigt. Bemerkenswert ist dabei, dass sich damit der einzige Indikator, der auf eine Informationsabgabe innerhalb der Community abzielt, als nicht signifikant erweist. Die Strukturparameter der verbleibenden drei Items erweisen sich signifikant und sind auch hinsichtlich der Vorzeichen als plausibel zu bewerten.

Das Augenmerk gilt nunmehr den Gütekriterien zur Validierung des Konstrukts. Dabei sind in erster Linie die Faktorreliabilität und die durchschnittlich erfasste Varianz zur Beurteilung der Konvergenzvalidität zu nennen, welche mit 0,914 (Konstruktreliabilität) und 0,779 (DEV) die zuvor fixierten Mindestmaße überschreiten. Das Fornell-Larcker-Kriterium zur Bestimmung der Diskriminanzvalidität wird ebenso erfüllt wie auch das Kriterium der Unidimensionalität. Letztlich kann mittels der Parameterschätzungen kommt eine Beurteilung Stone-Geissers Q^2-Wert berechnet werden, welcher die Vorhersagevalidität des reflektiven Modells bestätigt.

Kriterien	
Konvergenz: Durchschnittlich erfasste Varianz (DEV) Konstruktreliabilität	 0,779 0,914
Diskriminanzvalidität: Fornell-Larcker-Kriterium	 Erfüllt
Vorhersagevalidität (Q^2)	Erfüllt
Unidimensionalität	Erfüllt

Tab. 15: Evaluation der Operationalisierung des Konstrukts intendiertes Weiterempfehlungsverhalten

In Tabelle 15 sind die Gütekriterien des Weiterempfehlungskonstruktes noch einmal übersichtlich zusammengefasst.

4.3.6 Gemeinschaftsgefühl

Das Konstrukt Gemeinschaftsgefühl wurde anhand der von *Obst et al.* entwickelten Skala abgefragt.[360] Aus inhaltlichen Überlegungen und aus der Ergebnisauswertung der Studie von *Algesheimer* kam es vorab zu einer Elimination der Dimension „Führung und Einfluss", da sie in dessen qualitativen Pretest von Experten in einem ähnlichen Untersuchungszusammenhang für nicht relevant befunden wurde.[361] Um eine Überlastung der Probanden zu vermeiden, wurde das ursprünglich 81 Items umfassende Inventar auf sieben Items reduziert. Die Auswahl erfolgte dabei anhand der Höhe der Faktorladungen und der Relevanz für das Untersuchungsmodell. Somit wird die Dimension „Zugehörigkeit" mit drei Indikatoren, „Geteilte Werte" und „Freundschaft und Unterstützung" mit jeweils einem Indikator sowie „Identifikation" mit zwei Indikatoren erfasst.

Obgleich diese Vorüberlegungen zunächst auf eine formative Ausgestaltung des Messmodells hindeuten, wird deutlich, dass Veränderungen in den Dimensionsgrößen nicht notwendigerweise das Konstrukt beeinflussen. So ist eine Variation bspw. der Dimension „Freundschaft und Unterstützung" c. p. nicht zwingend ursächlich für eine Änderung des Gemeinschaftsgefühls. Dieses müsste aber im Falle formativer Modellierung so sein, indem jeder Indikator einen Anteil an der Erklärung der latenten Variable hat. Vielmehr stellen die Dimensionen beobachtbare Abbilder des Gemeinschaftsgefühls dar; die Kausalität verläuft also von der latenten Variable zu den Indikatoren. Der Zusammenhang ist reflektiv auszulegen.

---

[360] Vgl. Obst et al. (2002a), S. 100 ff.
[361] Vgl. Algesheimer (2004), S. 305.

Items	Faktorladung	t-Wert
Item 1: Ich fühle mich mit der Community eng verbunden. (Zugehörigkeit)	0,8375	39,21
Item 2: Es ist mir wichtig, ein Teil der Community zu sein. (Zugehörigkeit)	0,8939	70,79
Item 3: Die Community spielt eine wichtige Rolle in meinem Leben. (Zugehörigkeit)	0,8441	41,07
Item 4: Die anderen Mitglieder der Community und ich verfolgen die gleichen Absichten und Ziele. (geteilte Werte)	0,7247	21,81
Item 5: Meine Freundschaft zu anderen Mitgliedern der Community bedeutet mir sehr viel. (Freundschaft)	0,8122	31,30
Item 6: Ich denke oft daran, Mitglied Community zu sein. (Identifikation)	0,7907	31,60
Item 7: Ich sehe mich selbst als ein Teil der Community. (Identifikation)	0,7527	27,46

Tab. 16: Skala zur Erfassung des Gemeinschaftsgefühls

Um die Verwendung der Indikatoren hinsichtlich der Messung des Konstrukts in dieser Studie zu überprüfen, wurden die zur Gütebeurteilung reflektiver Messmodelle erforderlichen Größen wiederum mit PLS geschätzt. Alle Items erfüllen die Anforderungen an die Faktorladung sowie Signifikanz, es musste keine Elimination vorgenommen werden. Die Plausibilität der Vorzeichen ist durchweg gegeben.

Die Betrachtung der übrigen Prüfkriterien stützt die bisherigen Ergebnisse. Durchschnittlich erfasste Varianz und Konstruktreliabilität überschreiten die jeweiligen kritischen Werte (0,6 bzw. 0,7) deutlich. Die Durchführung einer Faktorenanalyse zeigt auf, dass die Indikatoren hoch auf einen gemeinsamen Faktor laden, somit ist das Kriterium der Unidimensionalität erfüllt. Desweiteren weist sowohl das Fornell-Larcker-Kriterium auf Diskriminanzvalidität, als auch Stone-Geissers Q^2-Wert auf Vorhersagevalidität hin.

Kriterien	
Konvergenz: Durchschnittlich erfasste Varianz (DEV) Konstruktreliabilität	 0,656 0,930
Diskriminanzvalidität: Fornell-Larcker-Kriterium	 Erfüllt
Vorhersagevalidität (Q^2)	Erfüllt
Unidimensionalität	Erfüllt

Tab. 17: Evaluation der Operationalisierung des Konstrukts Gemeinschaftsgefühl

4.3.7 Kaufintention

Die Kaufintention fungiert in dem skizzierten Modell als eine der beiden direkten Determinanten der Markenloyalität. Die meisten Ansätze zur Operationalisierung der Intention gehen dabei, wie auch in dieser Arbeit, auf *Ajzen* und *Fishbein* zurück.[362] Dabei wird die interessierende Größe meist dadurch erfasst, dass die Probanden schlicht nach ihrer Absicht, eine Handlung durchzuführen, befragt werden. Teilweise wird die Intention auch als subjektive Einschätzung des Individuums verstanden, wie wahrscheinlich die Ausführung eines bestimmten Verhaltens ist. Beide Formen der Operationalisierung erfahren in zahlreichen Studien Anwendung.[363] *Sheppard et al.* konnten im Rahmen einer Metaanalyse zur Theorie des überlegten Handelns belegen, dass die Art der Operationalisierung einen signifikanten Einfluss auf die Wirkungsstärke zwischen Intention, ihren Determinanten und tatsächlichem Verhalten hat.[364] Sofern die Stärke der Wirkungsrelationen zwischen der Zielgröße und seinen Determinanten im Mittelpunkt steht, und weniger eine möglichst genaue Prädiktion des Verhaltens, hat sich die reguläre Erfassung der Intention im Sinne *Ajzens* und *Fishbeins* als überlegen erwiesen. Das erste Item ist daher ihren Studien entnommen.[365] Drei weitere Items entstam-

[362] Vgl. Ajzen/Fishbein (1980), S. 267.
[363] Vgl. Magin (2003), S. 108 für eine Übersicht.
[364] Vgl. Sheppard et al. (1988), S. 336 ff.
[365] Vgl. Ajzen/Fishbein (1980), S. 267.

men einer Studie *Bakers* und *Churchills*, die sich als reliabel und valide erwiesen haben und für die Studienzwecke geringfügig modifiziert wurden.[366]

Angesichts der Indikatoren ist korrekte Form der Operationalisierung für die Kaufintention relativ problemlos zu ermitteln. Wiederum lassen die Entscheidung auf die Frage reduzieren, ob eine Veränderung des Konstruktes eine Veränderung aller Indikatoren bewirkt (reflektiv) oder die ob sich die Variation eines Indikators auf die latente Variable auswirkt (formativ). Die geäußerte Absicht, ein Verhalten durchführen zu wollen, kann demnach nur Abbild des Konstruktwertes sein. Alle Items sind zudem untereinander austauschbar. Die Operationalisierung hat reflektiv zu erfolgen.

Items	**Faktorladung**	**t-Wert**
Item 1: Ich beabsichtige, diese Marke in Zukunft zu kaufen.	0,8565	23,89
Item 2: Ich würde aktiv nach dieser Marke suchen um sie kaufen zu können.	0,8983	43,02
Item 3: Ich würde diese Marke gerne ausprobieren.	(eliminiert)	n.s.
Item 4: Ich würde diese Marke kaufen, wenn ich sie im Geschäft sehen würde.	0,7769	21,00

Tab. 18: Skala zur Erfassung der Kaufintention

Wie zuvor werden die Parameter durch iterative Schätzungen in PLS ermittelt. Die durchschnittlich erfasste Varianz von zunächst knapp 0,6 und die niedrige Faktorladung führen zur Elimination des dritten Items. Alle anderen Faktorladungen sind signifikant und die Indikatorreliabilitäten übersteigen das geforderte Mindestmaß. Nach erneuter Berechnung beträgt die DEV nunmehr 71,5%, was einen akzeptablen Wert darstellt. Die Konstruktreliabilität beträgt 0,882 und übersteigt das geforderte Mindestmaß von 0,7 deutlich.

---

[366] Vgl. Baker/Churchill (1977), S. 538 ff.

Kriterien	
Konvergenz: Durchschnittlich erfasste Varianz (DEV) Konstruktreliabilität	 0,715 0,882
Diskriminanzvalidität: Fornell-Larcker-Kriterium	 Erfüllt
Vorhersagevalidität (Q^2)	Erfüllt
Unidimensionalität	Erfüllt

Tab. 19: Evaluation der Operationalisierung des Konstrukts Kaufintention

Weitere Prüfgrößen wie das Fornell-Larcker-Kriterium sind erfüllt, Diskriminanzvalidität ist somit gegeben. Der berechnete Q^2-Wert bestätigt weiterhin die Vorhersagevalidität des Modells. Schließlich weist eine Faktoranalyse darauf hin, dass auch das Kriterium der Unidimensionalität erfüllt ist.

4.3.8 Markenloyalität

Die Markenloyalität ist in dieser Untersuchung durch drei Dimensionen gekennzeichnet: Wiederkaufsabsicht, Cross-Buying-Absicht sowie Premiumpreisbereitschaft. Während bei der Spezifikation des reflektiven Messmodells eine hohe Wahlfreiheit bei der Auswahl der Indikatoren gegeben ist, müssen formative Konstrukte möglichst alle Indikatoren, die einen potenziellen Einfluss auf das Konstrukt haben, Berücksichtigung finden.[367] Im konkreten Fall stellt die Cross-Buying-Absicht einen Aspekt der Loyalität dar, welcher sich als Resultat, nicht Ursache einer längerfristigen Beziehung ergibt. Auch der Bereitschaft zu einem Preispremium entwickelt sich erst im Laufe einer der Zeit durch ein konsistentes Markenwahlverhalten. Die gewählten Indikatoren stellen also Abbilder, nicht beeinflussende Größen dar. Zur Messung der Loyalität existieren in der Literatur eine Vielzahl möglicher Indikatoren, die allesamt den Wert der latenten Variablen widerspiegeln.[368] Die Überlegungen

[367] Vgl. Diamontopoulos/Winklhofer (2001).
[368] Für einen Überblick vgl. Braunstein (2000), S. 198.

lassen nur den Schluss zu, dass die Kausalität vom Konstrukt zu seinen Indikatoren verläuft und eine reflektive Operationalisierung pertinent ist.

Braunstein kommt zu der Feststellung, dass bislang kein optimaler Messansatz der Loyalität existiert. Die Autorin wendet eine 4-Item-Skala an, da zur reliablen und validen Messung der Loyalität nicht zwangsläufig große Itembatterien erforderlich sind.[369] Da die Weiterempfehlungsabsicht in dieser Studie separat betrachtet wird, findet das entsprechende Item in der Messung der Markenloyalität keine Anwendung.

Items	Faktorladung	t-Wert
Item 1: Ich habe die Absicht, auch andere Produkte der Marke Apple zu kaufen. (Cross-Buying-Potential)	0,8679	41,69
Item 2: Ich wäre bereit, für diese Marke mehr zu zahlen als für Produkte einer vergleichbaren, am Markt erhältlichen Marke. (Premiumpreisbereitschaft)	0,8366	26,81
Item 3: Ich halte mich für einen treuen Käufer der Marke. (Wiederkaufsabsicht)	0,8429	45,60

Tab. 20: Skala zur Erfassung der Markenloyalität

Kriterien	
Konvergenz: Durchschnittlich erfasste Varianz (DEV) Konstruktreliabilität	 0,721 0,886
Diskriminanzvalidität: Fornell-Larcker-Kriterium	 Erfüllt
Vorhersagevalidität (Q^2)	Erfüllt
Unidimensionalität	Erfüllt

Tab. 21: Evaluation der Operationalisierung des Konstrukts Markenloyalität

---

[369] Vgl. Braunstein (2000), S. 200.

Sämtliche Faktorladungen erweisen sich als signifikant. Der erklärte Varianzanteil manifester Variablen in Relation zum nicht erklärten Varianzanteil beträgt 72,1%. Für die Güte dieses Messansatzes spricht zudem die Konstruktreliabilität, die einen Wert von 0,886 annimmt und damit das geforderte Mindestniveau von 0,7 überschreitet. Vorhersagevalidität kann angesichts des Stone-Geissers Q^2-Wert von 0,29 angenommen werden. Schließlich sind auch die Kriterien Diskriminanzvalidität und Unidimensionalität als erfüllt anzusehen.

Nachdem nun die einzelnen Konstrukte isoliert getestet worden sind, soll im Rahmen der Überprüfung des Kausalmodells im folgenden Kapitel die Strukturmodellebene analysiert werden.

4.4 Beurteilung des postulierten Markenloyalitätsmodells

Im Folgenden gilt es zu testen, inwiefern das auf Basis theoretischer Überlegungen gewonnene Hypothesensystem das Realphänomen Markenloyalität in Brand Communities abbilden kann. Zur Auswertung auf Strukturmodellebene werden die zuvor beschriebenen Gütekriterien herangezogen, die Parameter allesamt in PLS-Graph berechnet.

Zur Überprüfung der nomologischen Validität des Modells sollen Aussagen sowohl über die Signifikanz und Plausibilität der Schätzwerte als auch über den Anteil erklärter Varianz getroffen werden. In Abbildung 16 sind die Ergebnisse der Schätzung des Strukturgleichungsmodells grafisch dargestellt:

Vorzeichen, Höhe und Signifikanz der geschätzten Strukturparameter (Pfadkoeffizienten), zeigen auf, ob und in welcher Richtung ein Konstrukt ein kausal nachfolgendes beeinflusst. Auf Basis der t-Werte können somit die einzelnen Hypothesen hinsichtlich ihre Annahme- bzw. Ablehnungswürdigkeit begutachtet werden. Die Parameter und ihre Signifikanzen werden wiederum mit Hilfe der Bootstrapping-Methode geschätzt.

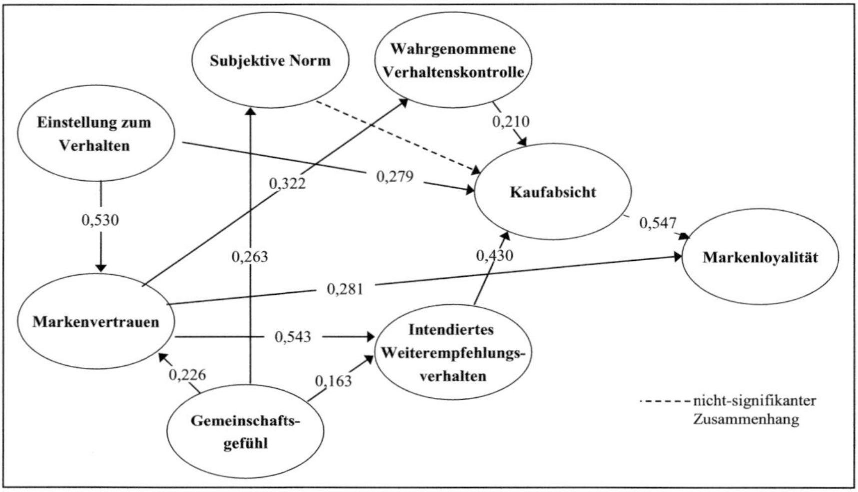

Abb. 15: Vollständiges Kausalmodell mit Pfadkoeffizienten

Die Analyse der Ergebnisse zeigt auf, dass die Hypothese H_2 einen sehr schwachen Pfadkoeffizienten und t-Wert aufweist. Obgleich alle anderen Hypothesen bei einem zweiseitigen Test mit 5%iger Irrtumswahrscheinlichkeit ein signifikantes Niveau erlangen, kann der t-Wert die Hypothesen H_2 nicht stützen, welche deswegen verworfen wird. Bei dem postulierten Kausalzusammenhang zwischen Gemeinschaftsgefühl und subjektiver Norm (H_{11}) ist zudem die Plausibilität des Vorzeichens nicht gegeben.

Das PLS-Verfahren zur Überprüfung eines Strukturgleichungsmodells wurde nicht zuletzt deswegen gewählt, um eine bestmögliche Varianzerklärung der Zielvariablen Markenloyalität zu erreichen. Zur Bewertung der nomologischen Validität, also zur Fähigkeit der identifizierten Determinanten, die Entstehung des Zielkonstrukts Markenloyalität zu erklären, kann die erklärte Varianz in Augenschein genommen werden. Die Analyse des quadrierten Korrelationskoeffizienten (R^2) ergibt für die endogenen Variablen Markenvertrauen einen Erklärungsgehalt von 42%, beim intendierten Weiterempfehlungsverhalten von 40%. Die vorliegenden Werte für die Konstrukte subjektive Norm und wahrgenommene Verhaltenskontrolle übersteigen zwar den geforderten Grenzwert 0,3 nicht, was angesichts der Zielsetzung der Untersuchung aber unproblematisch erscheint. Die niedrige quadrierte Korrelation lässt sich darauf zurückführen, dass im Rahmen der vorliegenden Studie bewusst auf die Spezifikation weiterer Determinanten verzichtet wurde.

Besonderes Interesse gilt der Kaufintention, die eine der der beiden Determinanten der Markenloyalität darstellt. Die Kaufabsicht wird durch die antezedenten Konstrukte zu 52% erklärt; die Markenloyalität als Zielgröße weist schließlich einen R^2-Wert von 55% auf. Letzterer Wert ist angesichts der Tatsache, dass die erklärte Varianz des Konstruktes Markenloyalität durch nur zwei Variablen determiniert wird, als sehr zufriedenstellend zu bewerten.

Nunmehr sollen die Erklärungsanteile endogener Variablen durch antezedente Größen betrachtet werden. Im Mittelpunkt steht dabei die Kaufintention, welche durch alle identifizierten Variablen, ausgenommen der subjektiven Norm, bei einem 5%-Level einen signifikanten Einfluss haben.

Das Weiterempfehlungsverhalten übt einem Wert von 0,430 den stärksten Effekt aus. Einstellung zum Verhalten (0,279) und wahrgenommene Verhaltenskontrolle (0,210) wirken sich moderat auf das Konstrukt Kaufabsicht aus. Der erklärte Varianzanteil der Markenloyalität wird schließlich durch ihre beiden antezedenten Determinanten zu 55% erklärt, wobei die Kaufabsicht auf einem 5%-Niveau signifikant ist und 0,547 beträgt. Das Markenvertrauen geht mit 0,281 direkt ein und kann zudem hohe signifikante Anteile an der Erklärung der Variablen intendiertes Weiterempfehlungsverhalten (0,540) sowie wahrgenommene Verhaltenskontrolle (0,322) für sich verbuchen. Interessanterweise wirkt die Größe zwar auf die Markenloyalität, hat aber nur indirekt via wahrgenommene Verhaltenskontrolle und Weiterempfehlungsverhalten Anteil an der Kaufabsicht.

Desweiteren ist von Bedeutung, die Vorhersagevalidität des Strukturmodells zu überprüfen. Dabei kommt, wie schon zuvor auf Messmodellebene, Stone-Geissers Q^2 zur Anwendung, welches sich jedoch nur für die endogenen Größen berechnen lässt. Der Q^2-Wert weist für alle endogenen Variablen einen Wert >0 auf, lediglich für die subjektive Norm und die wahrgenommene Verhaltenskontrolle ist der berechnete Wert negativ. Da beide Konstrukte jedoch nicht im Zentrum des Interesses stehen, kann dem Modell dennoch Vorhersagevalidität zugesprochen werden.

Hinsichtlich der Multikollinearität ergibt der mit Hilfe einer Faktoranalyse ermittelte Varianzinflationsfaktor einen Wert unterhalb des Maximums von 10. Es liegt somit keine Multikollinearität vor. Das Zielkonstrukt Markenloyalität wird demzufolge durch die Determinanten Kaufabsicht und Markenvertrauen direkt erklärt. Dementsprechend führt eine Erhöhung der Kaufabsicht um eine Einheit c. p. zu einer Verbesserung der Markenloyalität um 0,55 Einheiten, beim Markenvertrauen bewirkt eine marginale Änderung eine Variation der Zielgröße um 0,28 Einheiten.

Neben den direkten Einflüssen sind allerdings auch die indirekten Wirkungsgrößen zu berücksichtigen. So macht Abbildung 16 deutlich, dass neben den direkten Effekten auf die Markenloyalität auch indirekte Zusammenhänge bestehen, bspw. durch das Gemeinschaftsgefühl. Eine isolierte Betrachtung der direkten Einflüsse spiegelt die Entstehung der Markenloyalität also nicht realitätsgetreu wieder. Zur Berechnung der indirekten Effekte sind die Koeffizienten des indirekten Weges zu multiplizieren. Der Totaleffekt eines jeden Konstruktes berechnet sich somit durch die Summe seiner direkten und indirekten Wirkungen, welche in der folgenden Tabelle dargestellt sind:

Totaleffekte der Determinanten	
Kaufabsicht	0,55
Markenvertrauen	0,45
Einstellung zum Verhalten	0,24
Intendiertes Weiterempfehlungsverhalten	0,24
Wahrgenommene Verhaltenskontrolle	0,12
Gemeinschaftsgefühl	0,08

Tab. 22: Totaleffekte der Determinanten auf die Zielgröße Markenloyalität

Obwohl sich der Totaleffekt auf den direkten Effekt beschränkt, besitzt die Kaufintention die stärkste Wirkung auf die Markenloyalität. Dies verwundert nicht, da der Zusammenhang zwischen den Größen erwartungsgemäß sehr eng ist. Für das Markenvertrauen bspw. berechnet sich der Totaleffekt aus den indirekten Wirkungszusammenhängen auf das Zielkonstrukt (0,281+0,322*0,21*0,547+0,543*0,430*0,547). Die nicht signifikanten Zusammenhänge werden dabei nicht berücksichtigt. Der relativ schwächste Totaleffekt geht dabei vom Gemeinschaftsgefühl aus, der einen Teil seines Einflusspotentials durch die nicht signifikante Hypothese H_2 (subjektive Norm auf Kaufintention) verliert.

Insgesamt hält das theoretisch hergeleitete Modell zur Erklärung der Markenloyalität in virtuellen Brand Communities der Konfrontation mit dem empirischen Datenmaterial stand. Von den ursprünglich zwölf entwickelten Hypothesen erweisen sich elf als signifikant. Die Kaufintention als direkte Wirkungsgröße der Markenloyalität trägt einen Großteil zu deren Erklärung bei, ebenso wie das Markenvertrauen. Letzteres nimmt überdies aber ebenso wie die übrigen Konstrukte indirekten Einfluss auf die Zielgröße. Die im Modell berücksichtigten Determinanten liefern einen Erklärungsbeitrag von 54,8% für das Zielkonstrukt Markenloyalität. Diesen Ergebnissen zufolge kann dem Modell somit eine gute Erklärungskraft der Vorhersage für die Zielvariable zugesprochen werden.

4.5 Interpretation der Ergebnisse

Nachdem das Hypothesensystem einer formalen Überprüfung unterworfen wurde gilt es nun, die Bedeutung der Wirkungsgrößen und -zusammenhänge für die Realität zu bewerten. Dabei richtet sich das Augenmerk zunächst auf die direkten Determinanten Kaufabsicht und Markenvertrauen, welche die stärksten Totaleffekte auf die Zielgröße aufweisen.

Die vorliegenden Ergebnisse bestätigen die Annahme, dass Kaufabsicht und Loyalität eng korreliert sind. Es kann also davon ausgegangen werden, dass der Konsument aufgrund gemachter Erfahrungen mit den Markeneigenschaften auch weiterhin einen psychischen Nutzen erwartet, wodurch er zu loyalem Verhalten motiviert wird. Diese Motivation kann, in Einklang mit den Ausführungen in Kapitel 3.6, aus Sicht der Theorie der kognitiven Dissonanz, der Lerntheorie oder der Risikotheorie erklärt werden. Indem er einen als angenehm wahrgenommenen psychischen Gleichgewichtszustand anstrebt, das Gefühl einer Belohung wahrnimmt oder dem Risiko einer Enttäuschung vorbeugt, äußert der Konsument seine loyale Verhaltensabsicht hinsichtlich der Marke. Mit einem Pfadkoeffizienten von 0,55 ist die Wirkung relativ stark. Vor dem Hintergrund der Tatsache, dass es sich bei der Kaufintention um eine der beiden einzigen direkten Determinanten der Markenloyalität handelt, ist dieser Effekt umso beachtlicher.

Weiterhin finden verhaltenswissenschaftliche Theorien Bestätigung, die dem Vertrauen eine zentrale Rolle bei der Erklärung des Phänomens Markenloyalität zuschreiben. Der Konsument ist überzeugt, dass die Marke nicht nur an ihrem eigenen Vorteil, sondern auch an seinem Wohlbefinden interessiert ist. Durch Nutzung der Marke kann das Risiko einer Enttäuschung verringert werden, da mit dem Markenvertrauen positive Erfahrungen verbunden sind. Je höher dabei das durch die Beziehungsdauer gekennzeichnete Vertrauensniveau, desto stärker die risikoreduzierende Wirkung. Dem Vertrauen kommt somit auch die Wirkung einer Wechselbarriere zu.

Die Ergebnisse zeigen, dass das Markenvertrauen bedeutsam ist, da es auch die wahrgenommene Verhaltenskontrolle als einzige antezedente Größe positiv beeinflusst. Somit kann das Vertrauen offenbar die Handlungsmöglichkeiten des Individuums dadurch positiv verändern, dass empfundene Komplexitäten reduziert werden. Der Effekt des Markenvertrauens auf das Weiterempfehlungsverhalten beläuft sich auf 0,54. Für das Brand Community-Mitglied basiert die innere Überzeugung von der Leistungsfähigkeit der Marke auf dem Vertrauen zu ihr. Im Einklang mit der austauschtheoretischen Sichtweise wächst nur durch befriedigte Leistungserwartungen das Vertrauen, welches für eine tiefe Überzeugung von der Marke unerlässlich ist. Überzeugte Mitglieder geben diese Informationen bereitwillig an Freunde und Bekannte weiter, bei denen ein Computer- oder Unterhaltungselektronikkauf ansteht. Die Empfehlungen der Kommunikatoren werden dabei als besonders glaubwürdig wahrgenommen.

Die kaufverhaltensbezogene Einstellung übt einen direkten Einfluss von 0,28 auf die Kaufabsicht sowie einen Totaleffekt von 0,24 auf die Markenloyalität aus. Der von *Ajzen* und *Fishbein* postulierte Zusammenhang zwischen der Einstellung zum Verhalten und der Verhaltensabsicht kann somit als bestätigt angesehen werden. Die verhaltenbezogene Einstellung ist weiterhin in starkem Ausmaß für die Bildung des Markenvertrauens verantwortlich. Mit dem Kauf eines Apple-Produktes sind offenbar befriedigte Erwartungen verbunden, die auf die kognitive und affektive Komponente im Vertrauensbildungsprozess wirken. Der Pfadkoeffizient von 0,53 unterstreicht die Einflussstärke des Zusammenhangs deutlich.

Die wahrgenommene Verhaltenskontrolle kann zwar signifikanten Einfluss auf die Kaufabsicht nehmen und somit die Theorie des geplanten Verhaltens stützen, ist aber relativ schwach ausgeprägt. Zudem weist der Totaleffekt von nur 0,12 auf die Markenloyalität darauf hin, dass es sich um eine zweitrangige Einflussgröße handelt. Hier ist zu vermuten, dass für den Konsumenten andere Faktoren wie bspw. das Weiterempfehlungsverhalten oder die Einstellung zum Kauf bedeutsamer sind. Ungewöhnlich erscheint auf den ersten Blick die subjektive Norm, welche nach Auswertung der Daten in dieser Studie keinen signifikanten Einfluss auf die Verhaltensabsicht nimmt. Dies widerspricht zunächst den theoretischen Überlegungen *Ajzens* sowie den zahlreichen empirischen Untersuchungen, in denen sich dieser Kausalzusammenhang bewährt hat.[370]

Die Einstellung zum Verhalten sowie die wahrgenommene Verhaltenskontrolle üben einen signifikanten Einfluss auf die Kaufabsicht aus. Die in der TPB formulierten Zusammenhänge haben sich damit zumindest teilweise bestätigt. Dass die subjektive Norm nicht als signifikanter Prädiktor auftritt, widerspricht den Annahmen der TPB allerdings nicht notwendigerweise. Einzelne Prädiktoren können in unterschiedlichen Kontexten sehr unterschiedlich gewichtet sein, von hoher Bedeutung bis hin zur Bedeutungslosigkeit. Dies findet bspw. durch Untersuchungen von *Terry* und *Hogg* Bestätigung, in deren Studien die subjektive Norm nichts zur Vorhersage der Intention beitrug.[371]

Eine Erklärung für das vorliegende Ergebnis könnte in der Anonymität der virtuellen Communities liegen. Anders als reale Brand Communities, die aus persönlichen Beziehungen entstehen und auch semi-virtuelle Communities, in welchen sich bspw. online über den favorisierten Fußballverein ausgetauscht, aber den Spielen gemeinsam beigewohnt wird, bieten rein virtuelle Verbindun-

---

[370] Vgl. bspw. Bamberg/Lüdemann (1996), S. 25 ff.; Herkner (2001), S. 221; Magin (2003), S. 23.
[371] Vgl. Terry/Hogg (1996); Terry et al. (1999).

gen den Mitgliedern die Möglichkeit, sich so geben zu dürfen, wie sie es wollen. Den anderen Mitgliedern können dauerhaft und glaubwürdig verschiedene Facetten der eigenen Person präsentiert werden, ohne dass diese zwangsläufig der Alltagsrealität entsprechen.[372] Konkret kann sich ein Mitglied z. B. unwahrheitsgemäß als langjähriger Apple-Nutzer, Besitzer verschiedener Produkte oder als Experte eines Fachgebietes ausgeben. Da im Regelfall in virtuellen Communities Pseudonyme genutzt werden und es nicht zu persönlichen Begegnungen kommt, sind weder „Enttarnung" noch Konsequenzen zu befürchten. Dies gilt auch für die untersuchte MacUser-Community. In einer solchen Situation erscheint schlüssig, dass der wahrgenommene Druck der anderen Mitglieder, ein bestimmtes (Kauf-)Verhalten ausüben zu müssen, verschwindend gering ist.

In diesem Zusammenhang ist auch der aus der empirischen Analyse hervorgegangene positive Einfluss des Gemeinschaftsgefühls auf die subjektive Norm interessant. Dieser war aufgrund der Vorüberlegungen im Rahmen der sozialen Identitätstheorie sowie aus Erfahrungen in anderen Studien negativ erwartet worden.[373] Aus einer stärkeren Identifizierung mit der Brand Community folgt offenbar nicht zwangsläufig eine Erhöhung des wahrgenommenen intergruppalen Drucks, begründet mit einer Angleichung der Individual- an Gruppennormen. Es scheint vielmehr so, dass hochgradig involvierte Mitglieder, die einen starken Teil ihrer Identität aus der Partizipation an der Brand Community ziehen, die Rolle eines Meinungsführers übernehmen, der die Gemeinschaft fördert, verteidigt und von konkurrierenden Marken abgrenzt. Somit steigt nicht nur für andere Mitglieder der wahrgenommene Druck an ihr Verhalten, sondern der Meinungsführer selbst empfindet einen Druck, sich an die selbstgesetzten Maßstäbe zu halten. Die soziale Identitäts-

[372] Vgl. MacKinnon (1995), S. 112 ff.
[373] Vgl. bspw. Algesheimer et al. (2005), S. 27.

theorie kann demnach auch zur Begründung des positiven Einflusses auf den Gruppendruck dienen.[374]

Die empirischen Daten belegen weiterhin die Bedeutung des Gemeinschaftsgefühls für die Entstehung von Markenvertrauen einerseits und auf die Abgabe von Weiterempfehlungen andererseits. Die intensiven emotionalen Bindungen zur Marke und Brand Community schlagen sich auf den Vertrauensaufbau mit der Marke nieder. Die Arbeiten *Fourniers*, die die Marke als Partner in einer Beziehung verstehen, können somit bestätigt werden. Das Gemeinschaftsgefühl und das ihr entspringende Selbstkonzept stellen offensichtlich weiterhin eine valide Erklärung für die Abgabe von Weiterempfehlungen dar. Je größer die Identifizierung mit der Brand Community ist, desto stärker auch das Interesse am Erfolg der Gemeinschaft. Durch aktive Mundwerbung für die Marke und die Community wird ihre Einzigartigkeit hervorgehoben, wodurch auch neue Mitglieder gewonnen werden. Schließlich ist das Gemeinschaftsgefühl – wie das Markenvertrauen auch – als Wechselbarriere aufzufassen, die das Individuum davon abhält, andere Marken zu wählen. Die soziale Identitätstheorie stellt somit einen umfassenden theoretischen Erklärungsrahmen zum Verständnis des Verhaltens in Brand Communities dar.

Schließlich verdeutlichen die empirischen Daten die Bedeutung der Mund-zu-Mund-Propaganda für die Kaufabsicht. Demnach ist anzunehmen, dass ein Mitglied der Brand Community, welches die Marke weiterzuempfehlen beabsichtigt, auch Produkte oder Dienstleistungen der Marke selbst zu kaufen gedenkt. Diese Überlegungen, die sich auf die Theorie *Festingers* zur Dissonanzreduktion im Umgang mit Unsicherheiten stützt, haben sich für den vorliegenden Kontext bewahrheitet. Mit der sozialen Kommunikation ist somit eine Möglichkeit gegeben, für getroffene Entscheidung Bestätigung zu finden

[374] Algesheimer et al. (2005), S. 27.

oder andere Personen von der Richtigkeit der eigenen Haltung zu überzeugen.

4.6 Implikationen für die Praxis

Die Ergebnisse der Studie sind im Folgenden im Kontext des Untersuchungsobjektes virtuelle Brand Communities zu betrachten. Die empirische Überprüfung des aufgestellten Modells hat die wichtigsten Hypothesen bestätigt. Der Einfluss vorgelagerter Größen erklärt fast zu 55% die Markenloyalität. Da es sich bei dieser um eine nicht beeinflussbare Größe handelt, stehen in erster Linie ihre antezedenten Variablen im Mittelpunkt der Managementinteresses. Von Relevanz haben sich dabei die direkten Einflussgrößen Kaufabsicht und Markenvertrauen sowie die indirekten Determinanten Einstellung zum Kauf und Weiterempfehlungsverhalten erwiesen. In der Folge sollen darauf basierend einige Handlungsempfehlungen für die Praxis abgeleitet werden.

Wie bereits dargelegt, entstehen Brand Communities auf Eigeninitiative und können prinzipiell ohne Unterstützung des Unternehmens existieren. Daher sind die Unternehmen aufgefordert, beim Umgang mit den Communities erhöhte Sensibilität an den Tag zu legen: „the presence of the market is acceptable (...) as long as the exploitative motive and manipulation (...) can be said to be absent.“[375] Ein allzu offensives Vorgehen kann das Gegenteil der gewünschten Wirkung auslösen, indem sich die Community vom Unternehmen demonstrativ abwendet oder bestehende Bindungen schmälert.

Da Brand Communities ihre positive Wirkung gerade aufgrund ihrer Autonomie entfalten, sollte bei allen Marketingmaßnahmen darauf geachtet werden, dass keine der Aktionen Zweifel an der Unabhängigkeit vom Anbieter aufkommen lässt. Dies hat insbesondere Apple bereits erkannt: „Apple promotes and

[375] Cova/Cova (2002), S. 614.

supports user groups, but the company does not own, manage, or direct them."[376] Dieser Standpunkt macht deutlich, dass Apple eine eher unterstützende als lenkende Funktion einnehmen will.

Generell ist es dem Anbieter durch intensive Beobachtung der Brand Community möglich zu erfahren, welche aktuellen Bedürfnisse und Anwenderprobleme im Markt vorhanden sind. Durch die Tatsache, dass die User die aus ihrer Sicht besonders relevanten Vor- und Nachteile eines Produktes hervorheben, lassen sich auch Hinweise für die Kommunikationspolitik des Unternehmens gewinnen. Um verstehen zu können, an welchen Hebeln der Brand Manager ansetzen kann, um die Markenloyalität positiv zu beeinflussen, muss zunächst die antezedente Größe Kaufabsicht beleuchtet werden.

Diese stellt mit einem Totaleffekt von 0,55 einen hervorragenden Prädiktor der Markenloyalität dar. Allerdings ist anzumerken, dass das Konstrukt selbst – wie die Markenloyalität auch – eine vom Unternehmen nicht unmittelbar beeinflussbare Stellgröße darstellt. Der Faktor erfährt einzig eine Determination durch andere Variablen. Im vorliegenden Fall handelt es sich um das intendierte Weiterempfehlungsverhalten, die Einstellung zum Verhalten sowie die wahrgenommene Verhaltenskontrolle.

Die Weiterempfehlungsabsicht übt ihren alleinigen Effekt direkt auf die Kaufabsicht aus und über diese auf die Loyalität zur Marke. Interessanterweise sind die Items, deren Inhalt auf die Weiterempfehlungsabsicht gegenüber Freunden und Familie abzielen, die einzig signifikant verbliebenen. Das Item, das konkret auf die Weiterempfehlungsabsicht gegenüber den anderen Mitgliedern der Brand Community anspielt, konnte keine Bestätigung finden. Dies scheint ein Hinweis darauf zu sein, dass sich die Mund-zu-Mund-Propaganda auf den Personenkreis außerhalb der Community konzentriert.

---

[376] www.apple.com/usergroups/campus/answers/

Innerhalb der Brand Community tauschen sich die Mitglieder über Neuigkeiten aus und geben vor allem Hilfestelllungen, kommunizieren aber weniger selbstgemachte Erfahrungen mit Apple-Produkten. Dieses Verhalten steht möglicherweise in Zusammenhang mit dem hohen Expertenwissen in der Brand Community, für deren hochinvolvierte und informierte Mitglieder Erfahrungsberichte Einzelner weniger bedeutsam sind, als es für Bezugspersonen außerhalb der Community der Fall ist. Diese Erkenntnis macht die Mund-zu-Mund-Propaganda bei Brand Communities aus Managementperspektive sehr attraktiv, weil diese Kommunikationsform eine exponentielle Verbreitung der Informationen erlaubt.

Eine Möglichkeit zur Stimulation der Mund-zu-Mund-Propaganda kann durch Produkttests und -proben geschehen. So könnte Apple einigen Mitgliedern neue Geräte testweise überlassen. Derartige Angebote zur kostenlosen Nutzung der Anbieterleistungen sind an die Meinungsführer zu richten, welche in Brand Communities besonders stark vertreten sind und bspw. durch ihre besondere Aktivität innerhalb der Gruppe auszumachen sind. Diese Lead User geben ihre gemachten Erfahrungen im Anschluss bereitwillig in ihrem sozialen Umfeld weiter und loben die getesteten Produkte. Apple setzte diese Strategie bereits ein, indem ausgewählten Usern ein Computer zu Testzwecken überlassen wurde.[377] Weiterhin könnte durch gezielte Informationspolitik das Interesse des Anbieters an der Community zum Ausdruck gebracht werden. Stark involvierte Konsumenten suchen nach Neuigkeiten über ihre favorisierte Marke und können diese z. B. in der Brand Community finden.

Der Anbieter kann dafür Sorge tragen, dass die Brand Community stets mit markenbezogenen Informationen (z. B. technische Details neuer Produkte, Auszeichnungen, geplante Entwicklungen) versorgt wird. Somit können einerseits Produktinformationen kostengünstig vermittelt werden, welche sich

---

[377] Vgl. Schleuning (1995), S. 162.

in der Folge rasch verbreiten. Aus Community-Sicht besteht der Nutzen andererseits darin, durch aktuelle Themen die Aktivität und Bedeutsamkeit der Community zu bestärken sowie deren Einzigartigkeit gegenüber anderen Gemeinschaften hervorzuheben. Aus Sicht des Anbieters ist es dabei unabdingbar, bei allen kommunikationspolitischen Maßnahmen zur Community die Informationen in einer Weise zu übermitteln, die der Glaubwürdigkeit und Unabhängigkeit der Brand Community in den Augen der Mitglieder nicht schadet. So sollten z. B. Informationen nicht direkt eingebracht, sondern an die Forums-Moderatoren kommuniziert werden, die dann wiederum die Informationen innerhalb der Community publik machen.

Eine aufmerksame Verfolgung der in der Community stattfindenden Diskussionen erlaubt dem Unternehmen zudem, neben der Identifikation der Lead User auch aktuelle Entwicklungen im Markt zu beobachten, um darauf reagieren zu können. Im Falle der Ausbreitung von Unzufriedenheit oder negativer Informationen kann bspw. durch eine Gegendarstellung oder auch Modifikation der angebotenen Leistung die Verbreitung negativer Information einschränkt werden. Die bereits besprochene „Anti-iPod"-Webseite und die Reaktion Apples stellen dafür ein gutes Beispiel dar.[378]

Aus der Arbeit von *Sundaram et al.* ist bekannt, dass positive wie negative Weiterempfehlungen häufig nicht nur Folge von Erfahrungen mit dem Produkt an sich, sondern auch außergewöhnlich positivem oder negativem Verhalten von Mitarbeitern des Unternehmens resultieren.[379] Somit gilt es für den Anbieter, besonderes Augenmerk auf die Interaktion zwischen Mitarbeiter und Kunde zu richten.

[378] Vgl. Kapitel 2.1.2
[379] Vgl. Sundaram et al. (1998), S. 529.

Die Einstellung zum Verhalten ergibt sich aus den bewerteten Erwartungen bezüglich der Konsequenzen des Kaufs eines Produkts von Apple.[380] Um aus Unternehmenssicht auf diese Aspekte Einfluss nehmen zu können, erweist sich eine genauere Analyse der Indikatoren als sinnvoll. Es zeigt sich dabei, dass der Kauf von den Konsumenten insbesondere als interessant und angenehm wahrgenommen wird. Um zu erreichen, dass auf den Kauf auch loyales Verhalten folgt, müssen die Marketing-Maßnahmen darauf abzielen, dem Konsumenten die einstellungsprägenden, verhaltensbezogenen Konsequenzen des Kaufs erlebbar zu machen. Ein angenehmes und interessantes Gefühl beim Kauf kann bspw. durch eine Gestaltung der Apple-Shops und Verkaufsflächen erreicht werden. Durch eine entsprechende Einrichtung kann dem Konsumenten ein Einkaufserlebnis vermittelt werden, dass zum Zustandekommen einer positiven Einstellung beiträgt. Aus produktpolitischer Sicht sollte weiterhin darauf geachtet werden, die außergewöhnliche und innovative Formgebung der Produkte beizubehalten bzw. zu optimieren, um das Interesse am Kauf zu steigern. Des Weiteren weist ein Indikator darauf hin, dass sich die Konsumenten mit dem Kauf ein gutes Produkt erhoffen, was durch eine hohe Qualität bei angemessenen Preisen gewährleistet werden kann.

Um mögliche Variationen bei den verhaltensbezogenen Überzeugungen im Zeitablauf aufzudecken, sind schließlich in regelmäßigen Abständen Befragungen durchzuführen. Sollte es zu Einstellungsänderungen in Bezug auf den Kauf gekommen sein, können somit angepasste strategische Maßnahmen eingeleitet werden.

Die wahrgenommene Verhaltenskontrolle drückt die empfundene Verfügbarkeit von Ressourcen wie Zeit, Geld, Wissen, Fähigkeiten und Gelegenheiten zur Umsetzung einer bestimmten Verhaltensabsicht aus. Sofern diese

[380] Vgl. Kapitel 3.2

Faktoren als zu gering empfunden werden, stellen sie Barrieren dar, welche die Verhaltensabsicht beeinträchtigen und die es aus Sicht des Anbieters möglichst weit abzubauen gilt. Im vorliegenden Fall lassen die verwendeten Indikatoren des Konstrukts nur allgemeine Ansatzpunkte zu, da eine detaillierte Abfrage relevanter Hindernisse aus praktischen Gründen nicht realisiert werden konnte.

Erweist sich etwa unzureichendes Wissen als Hindernis, ist es ratsam, das Expertenwissen in der Brand Community zu erhöhen. Dazu sollten den zuvor identifizierten Lead Usern oder den Community-Moderatoren geeignete Informationen kommuniziert werden, die diese verbreiten und damit die anderen Mitglieder zu aktiver Diskussion motivieren. Sie ermöglichen dem einzelnen Mitglied in der Folge, entscheidungsrelevante Informationen aus der Community zu beziehen. Der Wissensfortschritt sollte das Ausmaß der wahrgenommenen Kontrolle über das intendierte Verhalten stärker erscheinen und ein entsprechendes, tatsächliches Verhalten wahrscheinlicher werden lassen.

Um das Hindernis der finanziellen Belastung abzubauen, sind i. d. R. preispolitische Aktionen anzuraten, welche aber aufgrund des Qualitätsimages Apples nur eingeschränkte Handlungsoptionen zulässt. Bspw. könnte über kurzzeitige, Communitybezogene Vergünstigungen nachgedacht werden, die nicht nur bestehende Mitglieder zum Kauf animieren, sondern auch neue Interessenten auf die Brand Community aufmerksam werden lassen. Somit dient die Maßnahme auch der Anwerbung neuer Mitglieder, worauf Brand Communities, wie alle soziale Gruppierungen, für ihren Fortbestand angewiesen sind.[381] Allerdings ist hier abzuwägen, ob eine solche Maßnahme nicht als schleichender Eingriff in die Unabhängigkeit der Gemeinschaft aufgefasst würde.

---

[381] Vgl. Muniz/O´Guinn (2001), S. 421.

Letztlich soll auf den Mangel an Gelegenheiten als wahrgenommener Hinderungsgrund eingegangen werden. Obgleich zahlreiche Möglichkeiten zum Offline- und Online-Kauf von Apple-Produkten existieren, kann möglicherweise durch schlichte Werbung in Form eines Banners auf der Community-Seite der Weg zum Kauf geebnet werden. So wäre es denkbar, durch Hervorhebung einzelner Produktangebote und genereller Leistungsattribute (z. B. Lieferzeiten, Rückgaberecht, Sicherheit bei der Bestellung) des Apple-Online-Shops Mitglieder zum Kauf zu bewegen.[382]

Im Rahmen der theoretischen Ausführungen wurde bereits geklärt, dass Individuen häufig dem Druck ihres sozialen Umfelds bzw. einer Bezugsgruppe hinsichtlich der Durchführung eines bestimmten Verhaltens unterliegen. Obgleich diese Überlegungen bei „face-to-face" Brand Communities Bestätigung gefunden haben, erwiesen sie sich im vorliegenden Fall der virtuellen Apple-Brand Community als nicht signifikant.[383] Da der zentrale Unterschied in der Anonymität der Mitglieder liegt, scheint der fehlende persönliche Kontakt ein potentieller Grund für den nicht-signifikanten Gruppendruck zu sein, welcher offenbar verhindert, dass die Ansichten und Handlungen anderer Mitglieder als Referenz für das eigene Verhalten angesehen werden. Das „face-to-face" Begegnungen für enge persönliche Beziehungen unabdingbar sind, konnte von *Koh* und *Kim* bereits nachgewiesen werden.[384]

Soll der positive Effekt der subjektiven Norm als Determinante loyalen Verhaltens wirken, müssen Maßnahmen ergriffen werden, die die Beziehungen der Mitglieder untereinander stärken und die Brand Community als verhaltensrelevante Bezugsgruppe im Bewusstsein der Individuen etablieren. Dazu sollte das Unternehmen mehrmals im Jahr Events organisieren, um den Mitgliedern Gelegenheit zu geben, sich persönlich kennenzulernen. Dies

[382] http://store.apple.com/Apple/WebObjects/germanstore/
[383] Vgl. Algesheimer et al. (2005), S. 28.
[384] Vgl. Koh/Kim (2004), S. 86.

könnte z. B. im Rahmen einer Apple-fokussierten Messe wie der MacExpo stattfinden.[385] Apple könnte weiterhin eine Plattform für Treffen der Mitglieder anbieten, indem (ausgewählte) Mitglieder der Brand Community zu Workshops o. ä. eingeladen werden.

Das Gemeinschaftsgefühl wird von den Probanden als schwächstes signifikantes Konstrukt bewertet. Der wahrgenommene Sinn für geteilte Werte, Interessen und Ziele scheint angesichts des schwachen Totaleffektes (0,08) nicht besonders ausgeprägt zu sein. Das Zugehörigkeitsgefühl zur Brand Community als Teil des Selbstkonzeptes nimmt im vorliegenden Modell demanch einen geringen Stellenwert ein. Dennoch ist das Gemeinschaftsgefühl nicht zu unterschätzen, bildet es doch vor dem theoretischen Hintergrund der sozialen Identitätstheorie eine wesentliche Grundlage für die Existenz der Brand Communities. Ohne den Zusammenhalt der Mitglieder und die Identifikation mit der Gemeinschaft sind Brand Communities im Sinne einer Gemeinschaft von Marken-Fans mit gemeinsamen Symbolen, Werten und Ritualen nicht denkbar. Erst das Gemeinschaftsgefühl macht aus der reinen Ansammlung von Konsumenten, die sich über ein gemeinsames Interesse austauschen eine Gemeinschaft enthusiastischer Fans der Marke. Um sich das Gemeinschaftsgefühl im Management zunutze zu machen gilt es demnach, die Identifizierung mit der Brand Community zu erhöhen.

Wiederum erscheinen hierzu Aktionen angemessen, die den Zusammenhalt der Mitglieder fördern können. Dazu können vor allem die bereits angesprochen persönlichen Begegnungen gezählt werden. Andere Stellschrauben, die innerhalb der virtuellen Umgebung geeignet wären (z. B. Belohnungssystem für aktive Partizipation an der Community) entziehen sich bei Brand Communities, im Unterschied zu Kundenklubs, dem Einflussbereich des Markenführers.

---

[385] www.mac-expo.de

Weiterhin spielen Historie und Tradition der Marke, wie bereits in Kap. 2.1.2 angesprochen, eine wichtige Rolle im Kontext der Markengemeinschaften. Sie stellt ebenfalls einen wesentlichen Aspekt in der Identität einer Marke dar. Historische Assoziationen stärken das emotionale Involvement sowie die Identifikation und sorgen für eine kognitive und affektive Verknüpfung mit der Marke. Eine Ausrichtung der Marketingaktivitäten an der Historie der Marke ist somit eine sinnvolle Option.

Die starke Bedeutung des Markenvertrauens für die Markenloyalität lassen die kurze Erörtung eines vertrauensorientierten Kundenbindungsansatzes in Brand Communities sinnvoll erscheinen. Dieser bietet dem Markenführer die Chance, durch die vertrauensbasierte Präferenzbildung bei den Brand Community-Mitgliedern eine höhere Markenloyalität und somit einen Wettbewerbsvorteil zu erringen. Zur Umsetzung dieser Strategie muss die Marke sowohl eine dominierende Stellung in der Psyche des Nachfragers als auch eine Differenzierung gegenüber Wettbewerbern erzielen. Dabei sind zu allererst die Eigenschaften zu identifizieren, welche die Vertrauensbildung determinieren und darüber hinaus als Eigenschaften einer Unternehmensmarke in Frage kommen. Erkenntnisse dieser Analyseschritte sollten anschließend adäquat in die Markengestaltung integriert werden.

In der vorliegenden Untersuchung bezieht sich ein signifikantes Item auf die Ehrlichkeit der Marke. Marketingmaßnahmen, welche die Ehrlichkeit des Unternehmens bzw. der Marke zu im Blickpunkt des Brand-Community-Mitglieds zu verstärken vermögen, wären somit ins Auge zu fassen. So sind z. B. realistische Leistungsversprechen für die einzelnen Produkte und Dienstleistungen abzugeben, die auch tatsächlich erbracht werden können. Weiterhin zeugt ein faires Preis-Leistungsverhältnis von einer ehrlichen Marke, wobei diese Stellschraube tief in die Markenpositionierung eingreift. Ein weiteres Item spiegelt den Wunsch des Konsumenten nach Verlässlichkeit wieder, somit sind z. B. in der Qualitätssicherung oder -verbesserung der Produkte Potential zur Verbesserung des Vertrauens gegeben. Weiterhin kann mit großzügigen Umtauschfristen und Garantiezeiten ein Gefühl der Verlässlichkeit der Marke aufgebaut werden.

Bei der Markengestaltung empfiehlt sich ein Orientierung an den Merkmalen der identitätsorientiert-ganzheitlichen Markenverständnisses. Im Rahmen dieses Verständnisses wird die Kaufverhaltensrelevanz primär auf die Markenidentität zurückgeführt. Eine konsistente und relevante Markenidentität bildet dabei die Voraussetzung für das Vertrauen der Nachfrager in die Marke, welche wiederum Grundlage einer langfristigen Kundenbindung ist.[386] Demnach sind alle am Markenbildungsprozess beteiligten Elemente unter dem Dach der angestrebten Positionierung zu vereinen. Dabei ist darauf zu achten, dass alle Bestandteile der Marke in sich und zueinander widerspruchsfrei stehen. Auf den Sachverhalt bezogen bedeutet dies, dass Apple als Markenführer die primär marktgerichteten Instrumente, also vor allem Markengestaltung (Markenname, Markenzeichen und Claim) sowie des Marketing-Mixes daraufhin ausrichteten sollte, ein Image als ehrlichen und wohlwollenden Anbieter zu vermitteln.[387]

Durch weitere Messansätze und die damit einhergehende Enthüllung weiterer, potenziell vertrauensbildender Faktoren können für das Management weitere Ansatzpunkte zur Beeinflussung des Markenvertrauens, in dieser Untersuchung verstanden als Abbild objektbezogener Einstellung, offengelegt werden. In diesem Zusammenhang könnte bspw. die Integration der Größe Zufriedenheit aufschlussreiche Erkenntnisse liefern.[388]

---

386 Vgl. Meffert/Burmann, S. 30.
387 Vgl. Ganesan/Hess (1997), S. 446.
388 Vgl. Peter (1997), S. 43 ff.

Nachdem Ansatzpunkte für das Management aufgezeigt wurden, stellt sich für den Brand Manager die Frage nach einer Rangreihung der Stellschrauben, um eine möglichst effiziente Ressourcenallokation vornehmen zu können. Um dieses Ziel zu erreichen, erscheint die Darstellung der Ergebnisse aus der Parameterschätzung in Form einer Importance-Performance-Matrix geeignet.[389] Dazu ist es erforderlich, für jede Determinante des Kausalmodells einen Gewichtungsfaktor und ein Ausprägungsniveau zu ermitteln. Der Gewichtungsfaktor (Importance) entspricht der relativen Bedeutung dieses Konstruktes zur Entstehung der Markenloyalität. Dabei muss der gesamte Einfluss bestehend aus direkten und indirekten Effekten zur Interpretation herangezogen werden. Das Ausprägungsniveau (Performance) zeigt auf, inwieweit sich das Unternehmen aus der Sicht der Nachfrager bei der entsprechenden Größe noch steigern kann.[390] Es errechnet sich aus dem gewichteten Mittelwert der Indikatoren. Aus der sich daraus ergebenden Matrix hoher bzw. niedriger Gewichtungsfaktoren und Ausprägungsniveaus lassen sich Handlungsprioritäten ableiten, die zur effizienten Erreichung der Markenloyalität beitragen. Die Zuordnung der Variablen in die vier Felder dieser Matrix kann allgemeine Anhaltspunkte für die Ableitung konkreter marketingpolitischer Maßnahmen und eine damit verbundene Allokation von finanziellen und personellen Ressourcen liefern. Die abgeleiteten allgemeinen Handlungsanweisungen sind im Einzelfall jedoch immer zu hinterfragen.

Steuerungsgrößen, die einen kleinen Gewichtungsfaktor und ein geringes Ausprägungsniveau haben, können prinzipiell vernachlässigt werden, sie tragen nicht in bedeutendem Ausmaße zur Markenloyalität bei. Hier sollte kein Aufwand für Maßnahmen zur Leistungsverbesserung betrieben werden.

---

[389] Vgl. Huber et al. (2003), S. 351.
[390] Vgl. Huber et al. (2003), S. 351.

Determinanten mit einer geringen Gewichtung, aber einer guten Leistung, bedürfen einer eingehenden Überprüfung. Ggf. sollte eine Reallokation der Ressourcen in Betracht gezogen werden, um gewichtigere Größen zu fördern. Von besonderem Interesse sind natürlich jene Determinanten, die einen hohen Einfluss auf die Markenloyalität besitzen. In Elemente mit hohem Gewichtungsfaktor und einem niedrigen Ausprägungsniveau sollte investiert werden. Eine Leistungsverbesserung dieser Größen hat erheblichen Einfluss auf die Entstehung von Loyalität beim Kunden, wird von diesem aber als wenig ausgeprägt wahrgenommen. Aufgrund der unterdurchschnittlichen Bewertung besteht ein hohes Erfolgspotential. Durch gezielte Marketingaktivitäten gilt es, die Performance dieser Determinanten zu verbessern.

Schließlich handelt es sich bei den Determinanten im letzten Feld mit hoher Ausprägung und hohem Gewicht um die Erfolgsgrundlage, die unbedingt gehalten werden sollte Es bedarf allerdings nicht unbedingt einer Forcierung diese Elemente, da sie von den Konsumenten als gut entwickelt angesehen werden.

Die Darstellung in der Abbildung 16 zeigt die relativ gute Performance aller wichtigen Determinanten. Der Schwerpunkt muss dabei auf den einflussreichen Variablen Kaufabsicht und Markenvertrauen liegen. Da sich die Kaufabsicht nicht unmittelbar beeinflussen lässt, sollten Ressourcen zur Stärkung des Vertrauens in die Marke zugeteilt werden. Das relativ schwache Performance-Niveau weist darauf hin, dass Steigerungspotential vorhanden ist. Verbesserungen erscheinen mithilfe der zuvor angerissenen Ansätze möglich und werden sich stark auf die Loyalität zur Marke auswirken. Somit liegt beim Markenvertrauen ein primärer Ansatzpunkt, soll die Zielgröße verbessert werden.

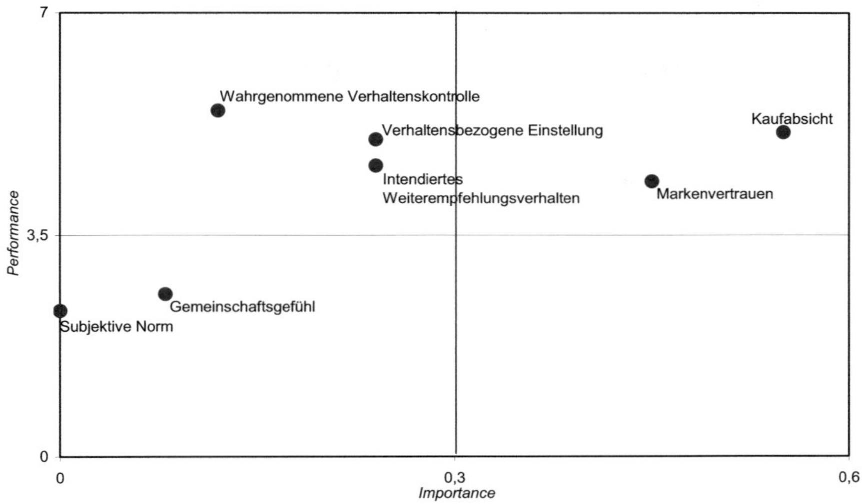

Abb. 16: Importance-Performance-Matrix
Quelle: In Anlehnung an Huber et al. (2003), S. 361.

Bei den Determinanten Einstellung zum Verhalten sowie intendiertes Weiterempfehlungsverhalten besteht aufgrund deren zufriedenstellender Ausprägung und Gewichtung kein akuter Handlungsbedarf. Hingegen wird die wahrgenommene Verhaltenskontrolle von den Probanden verhältnismäßig stark bewertet, obwohl sie einen eher schwachen Beitrag zum Zielphänomen beiträgt. Es ist zu prüfen, ob Ressourcen, die zur Leistungsverbesserung dieser Größe eingesetzt werden eine effizientere Verwendung finden können. So ist z. B. bereits dargelegt worden, dass der subjektiven Norm in anderen Studien zu Brand Communities durchaus ein Einfluss auf die Kundenloyalität zugesprochen werden konnte.[391] Durch geeignete Maßnahmen sollte versucht werden, den intergruppalen Druck so zu verstärken, dass er einen signifikanten Einfluss auf die Loyalität gewinnt. Damit wäre eine weitere Ansatzgröße identifiziert. Letztlich sollte auch eine Ressourcenallokation zugunsten des

[391] Vgl. Algesheimer et al. (2005), S. 21.

Gemeinschaftsgefühls erfolgen, welches in seiner Leistungsfähigkeit deutlich optimierbar ist.

Zusammenfassend erweist sich von zentraler Bedeutung für das Unternehmen, Brand Communities zu ermöglichen und die Kommunikation und Interaktion zwischen ihren Mitgliedern zu fördern. Gelingt es, die zuvor beschriebenen Chancen zu fördern und Risikofaktoren in regelmäßigen Abständen zu kontrollieren und zu minimieren, entsteht eine Situation, in der sowohl Brand Community als auch Markenführer einen Nutzen voneinander haben und miteinander eine langfristige Beziehung eingehen. Dem Konzept der Brand Communities kommt somit eine tragende Bedeutung bei der Bindung bestehender Kunden zu.

4.7 Implikationen für die Marketingforschung

Neben den Implikationen für die Marketingpraxis lassen sich auch Anregungen für die Marketingforschung ableiten. Im Rahmen der vorliegenden Studie konnte der Einfluss der exogenen Determinanten verhaltensbezogene Einstellung und wahrgenommene Verhaltenskontrolle sowie der endogenen Größen subjektive Norm, Markenvertrauen, Gemeinschaftsgefühl, intendiertes Weiterempfehlungsverhalten sowie Kaufabsicht als Bestimmungsgrößen der Markenloyalität bestätigt werden.

Die Varianzaufklärung für die Zielgröße (0,548) deutet allerdings auch weitere, im Modell nicht berücksichtigte Einflussgrößen hin, welche den Erklärungsgehalt des Kausalmodells erhöhen können. Der Einfluss der Zufriedenheit auf das Weiterempfehlungsverhalten und die Kundenbindung konnte bereits nachgewiesen werden.[392] Es ist zu vermuten, dass die Integration der Kundenzufriedenheit aufgrund des engen Bezugs zur Einstellungsbildung,

[392] Vgl. bspw. Peter (1997) sowie Helm (2000).

Weiterempfehlung und Loyalität zur verbesserten Erklärung des Wirkungsgefüges beiträgt.

Aus forschungsökonomischen Gründen konnte die Repräsentativität der Stichprobe nicht gewährleistet werden. Im Hinblick auf die Generalisierbarkeit der Ergebnisse sollten zukünftige Untersuchungen deshalb auf möglichst repräsentativen Daten basieren. Außerdem gelten die Ergebnisse zunächst nur im Bereich der Computer- und Unterhaltungselektronik. Inwieweit die Ergebnisse auf andere Produktarten oder Dienstleistungen übertragen werden können, gilt es empirisch zu ergründen.

Der Einfluss der subjektiven Norm stellte sich in der vorliegenden Studie als nicht signifikant heraus. Da sich diese Größe in anderen Studien (vgl. z. B. *Algesheimer*) bewährt hat, wäre zu überprüfen, ob dieses Ergebnis mit der empirischen Untersuchung in einer rein virtuellen Gemeinschaft, oder ob er mit der untersuchten Produktkategorie zusammenhängt. Ein Vergleich zweier verschiedener Stichproben zwischen einer Online-Community ohne jeglichen persönlichen Kontakt und einer Community, bei der sich die Mitglieder auch „face-to-face“ begegnen, könnte dazu interessante Rückschlüsse zulassen, zumal die Bedeutung des persönlichen Kontakts für Beziehung zwischen Mitgliedern einer Gemeinschaft bereits bestätigt wurde.[393] Schließlich besteht weiterer Forschungsbedarf hinsichtlich der Frage, wie sich welche Maßnahmen des Anbieters auf die Brand Community auswirken, insbesondere beim Einsatz offensiverer Marketinginstrumente.

---

[393] Vgl. Koh/Kim (2004), S. 86.

5. Schlussbetrachtung

Das Ziel der vorliegenden Untersuchung bestand darin, das Phänomen Markenloyalität im Kontext der Brand Communities zu untersuchen und deren Bedeutung als Instrument des Kundenbindungsmanagements herauszuarbeiten. Die Bindung aktueller Kunden ist, bei zunehmendem Wettbewerbsdruck und Angleichung der Angebote, von großer Bedeutung für den Erfolg von Unternehmen. Eine Chance für eine dauerhafte, emotionale Bindung des Kunden an eine Marke ist mit dem Konzept der Brand Communities gegeben. Die Zusammenarbeit mit diesen Gruppen leidenschaftlicher Kunden ermöglicht eine Verwirklichung der Kundenbindungsziele.

Auf Basis konzeptioneller Überlegungen konnten geeignete Determinanten der Markenloyalität identifiziert werden, wobei es sich anbot, die Erkenntnisse der Einstellungsforschung im Rahmen der Theorie des geplanten Verhaltens auf das Marketing zu übertragen. Dabei fungiert die Kaufabsicht als eine der beiden direkten Determinanten des Zielphänomens. Weiterhin wurde mit dem Markenvertrauen als Ausdruck der objektbezogenen Einstellung ein zentraler Bestandteil für das Zustandekommen der Markenloyalität erarbeitet. Es stellt zudem die zweite unmittelbare Determinante der Markenloyalität dar. Ferner konnte die Bedeutung des Gemeinschaftsgefühls für die Existenz der Gemeinschaft als auch der Einfluss des Weiterempfehlungsverhaltens für die Gewinnung neuer Kunden herausgestellt werden.

Daraus ergab sich ein Markenloyalitätsmodell, das eine empirische Überprüfung in der Computer- und Unterhaltungselektronikbranche am Beispiel der Marke Apple erfuhr. Die Auswertung der Schätzergebnisse förderte zu Tage, dass, abgesehen von der subjektiven Norm, alle theoretisch erarbeiteten Determinanten die Zielgröße Markenloyalität sehr zufriedenstellend erklären.

Auf Basis dieser Ergebnisse wurden konkrete Handlungsempfehlungen für das Management abgeleitet und Ansatzpunkte identifiziert, die ein Anbieter nutzen kann, um sein Kundenbindungsziel zu erreichen. Dabei gilt es, sich vor allem auf die Größen Markenvertrauen, Weiterempfehlungen und verhaltensbezogene Einstellung zu konzentrieren. Hierzu wurden Vorschläge für adäquate Marketingaktivitäten abgeleitet.

Letztlich wurden Vorschläge für weitere Forschungsbemühungen vorgestellt. Zur Erreichung einer besseren Prognose der Markenloyalität ist vor allem die Notwendigkeit der Identifikation weiterer Determinanten zu nennen. Weiterhin hat in der Marketingforschung noch kein direkter Vergleich zwischen „face-to-face"-Communities und virtuellen Gemeinschaften stattgefunden. Interessant im Rahmen weiterer Forschungsbemühungen wäre somit, das Modell für beide Brand Communities zu schätzen und auf signifikante Unterschiede zu überprüfen.

Literaturverzeichnis

Aaker, J./Fournier, S./Brasel, A. (2004): When Good Brands Do Bad, in: Journal of Consumer Research, Vol. 31, S. 1-16.

Ajzen, I. (1985): From Intentions to Actions: A Theory of Planned Behavior, in: Kuhl, J./Beckmann, J. (Hrsg.): Action Control, Berlin et al., S. 11-39.

Ajzen, I. (1991): The Theory of Planned Behavior, in: Organizational Behavior and Human Decision Processes, Vol. 50, S. 179-211.

Ajzen, I. (2002): Perceived Behavioral Control, Self-Efficacy, Locus of Control, and the Theory of Planned Behavior, Journal of Applied Social Psychology, Vol. 32, S. 1-20.

Ajzen, I./Fishbein, M. (1975): Belief, Attitude, Intention, and Behavior: An Introduction to Theory and Research, Reading.

Ajzen, I./Fishbein, M. (1977): Attitude-Behavior Relations: A Theoretical Analysis and Review of Empirical Research, in: Psychological Bulletin, Vol. 84, S. 888-918.

Ajzen, I./Fishbein, M. (2000): Attitudes and the Attitude-Behavior Relation: Reasoned and Automatic Processes, in: Stroebe, W./Hewstone, M. (Hrsg.): European Review of Social Psychology, Vol. 11 (S. 1-33), Chichester.

Ajzen, I./Madden, T. J. (1986). Prediction of goal directed behavior: attitudes, intentions, and perceived behavioral control. Journal of Experimental Social Psychology, Vol. 22, S. 453-474.

Apple Geschäftsbericht (2006): Quartalsergebnisse 04/2005 vom 18.01.2006, http://www.apple.com/de/pr/pr-infos2006/januar/q1.html, zuletzt gesehen am 30.01.2006, 10:51h.

Anderson, E.W. (1998): Customer Satisfaction and Word-Of-Mouth, in: Journal of Services Research, Vol. 1, S. 5-17.

Algesheimer, R. (2004): Brand Communities, Wiesbaden.

Algesheimer, R./Dholakia, U.M./Herrmann, A. (2005): The Social Influence of Brand Community: Evidence from European Car Clubs, Journal of Marketing, Vol. 69 (July), S. 19-34.

Arnould, E.J./Price, L.L. (1993): River Magic; Extraordinary Experience and the Extended Service Encounter, in: Journal of Consumer Research , Vol. 20 (June), S. 24-45.

Ashford, B.E./Mael, F. (1989): Social Identity Theory and the Organisation, Academy of Management Review, Vol. 14, S. 20-39.

Assael, H. (1992): Consumer Behavior and Marketing Action, 4. Aufl., Boston.

Backhaus, K./Büschken, J. (1998): Einsatz der Kausalanalyse in der empirischen Forschung zum Investitionsgütermarketing, in: Hildebrandt, L./Homburg, C. (Hrsg.), Die Kausalanalyse: Ein Instrument der betriebswirtschaftlichen Forschung, Stuttgart, S. 149-168.

Backhaus, K./Erichson, B./Plinke, W./Weiber, R. (2000): Multivariate Analysemethoden: Eine anwendungsorientierte Einführung, 9. Aufl., Berlin.

Bagozzi R.P./Baumgartner, H./Yi, Y. (1992): State versus Action Orientation and the Theory of Reasoned Action: An Application to Coupon Usage, Journal of Consumer Research, Vol. 18 (March), S. 505-518.

Bagozzi R.P./Dholakia, U.M. (2002): Intentional Social Action in Virtual Communities, in: Journal of Interactive Marketing, Vol 16 (2), S. 2-21.

Baker, M.J./Churchill, G.A. (1977): The Impact of Physically Attractive Models on Advertising Evaluations, Journal of Marketing Research, Vol. 14 (November), S. 538-555.

Bamberg, S./Lüdemann, C. (1996): Eine Überprüfung der Theorie des geplanten Verhaltens in zwei dichotomen Wahlsituationen: Rad vs. PKW und Container vs. Hausmüll, in: Zeitschrift für Sozialpsychologie, 27. Jg., S. 32-46.

Bansal, H.S./Voyer, P.A. (2000): Word-of-Mouth Processes within a Services Purchase Decision Context, in: Journal of Service Research, Vol. 3, S.166-177.

Bhattacharya, C.B./Sen, S. (2003): Consumer-Company Identification: A Framework for Understanding Consumer's Relationships with Companies, Journal of Marketing, Vol. 67 (April), S. 76-83.

Bickhoff, N./Böhmer, C./Eilenberger, G./Hansmann, K.-W./Niggemann, M./Ringle, C. M./Spreemann, K./Tjaden, G. (2003): Mit Virtuellen Unternehmen zum Erfolg: Ein Quick-Check für Manager, Berlin.

Bottomore, T. (1987): Sociology. A Guide to Problems and Literature, 3. Aufl., London.

Boulding, W./Kalra, A./Staelin, R./Zeithaml, V.A. (1993): A Dynamic Process Modell of Service Quality: From Expectations to Behavioral Intentions, in: Journal of Marketing Research, Vol. 30, S. 7-27.

Bohner, G. (2002): Einstellungen, in: Stroebe et al. (Hrsg.), Berlin, S. 265-315.

Bone, P.F. (1992): Determinants of Word-of-Mouth Communications During Consumption, in: Sherry, J./Sternhal, B. (Hrsg.), Advances in Consumer Research. Vol. 19, S. 579-583.

Braunstein, C. (2001): Einstellungsforschung und Kundenbindung, Wiesbaden.

Brady, D. (2004): Cult Brands, in: Business Week, 09.08.2004, Fourth Annual Business Week/Interbrand Ranking of the World's Most Valuable Brands, S. 46-49.

Brown, S./Kozinets, R./Sherry, J. (2003): Teaching Old Brands New Tricks: Retro Branding and the Revival of Brand Meaning, in: Journal of Marketing, Vol. 67 (July), S. 19-33.

Bruhn, M. (2001): Relationship Marketing, München.

Buchanan, R./Gillies, C. (1990): Value Managed Relationships: The Key to Customer Retention and Profitability, in: European Management Journal, Vol. 8, S. 523-526.

Chavis, D./Hogge, J./McMillan, D./Wandersman, A. (1986): Sense of community through Brunswick's lens: A first look, in: Journal of Community Psychology, Vol. 14, S. 24-40.

Chin, W.W./Newsted, P.R. (1999): Structural Equation Modeling Analysis with Small Samples Using Partial Least Squares, in: Hoyle, R.H. (Hrsg.), Statistical Strategies for Small Sample Research, Thousand Oaks, S. 307-342.

Chipuer, H.M./ Pretty, G. (1999): A Review of the Sense of Community Index: Current Uses, Factor Structure, Reliability and Further Development, in: Journal of Community Psychology, Vol. 27, Nr. 6, S. 643-658.

Cornelsen, J./Schober, K. (1997): Mundwerbung – Begriffsbestimmung und Ergebnisse einer empirischen Studie, Arbeitspapier Nr. 48 des Betriebswirtschaftlichen Institutes der Universität Erlangen-Nürnberg, Nürnberg.

Cova, B. (1997): Community and Consumption. Towards a Definition of the Linking Value of Products and Services, in: European Journal of Marketing, Vol. 31, S. 297-316.

Cova, B.(1999): From Marketing to Societing: When the Link is more important than the thing, in: Borwnlie, D. et al. (Hrsg.) Rethinking Marketing: Towards Critical Marketing Accountings, London, S. 64-83.

Cova, B./Cova, V. (2002): Tribal Marketing. The Tribalisation of Society and its Impact on the Conduct of Marketing, European Journal of Marketing, Vol. 36, S. 596-620.

Cunningham, S. M. (1956): Brand Loyality – What, Where, How Much?, in; Harvard Business Review, Vol. 34, S. 116-128.

Delgado-Ballester, E./Munuera-Alemán, J. (2001): Brand Trust in the Context of ConsumerLoyalty, in: European Journal of Marketing, Vol. 35, Nr. 11/12, S.1238-1258.

Diamantopoulos, A./Winkelhofer, H. (2001): Index Construction with Formative Indicators: An Alternative to Scale Development, in: Journal of Marketing Research, Vol. 38 (May), S. 269-277.

Dichter, E. (1966): How Word-of-Mouth Advertising Works, Harvard Business Review, Vol. 44 (November), S. 147-157.

Diller, H. (1995): Kundenbindung als Zielvorgabe im Beziehungsmarketing, Arbeitspapier Nr. 40 des Betriebswirtschaftlichen Institutes der Universität Erlangen-Nürnberg, Nürnberg.

Diller, H. (1996): Kundenbindung als Markenziel, in: Marketing - Zeitschrift für Forschung und Praxis, Vol. 18 (2), S. 81-94.

Diller, H./Kusterer, M. (1988): Beziehungsmanagement: Theoretische Grundlagen und explorative Befunde, in: Marketing ZFP, 10. Jg., Nr. 3, S. 211-220.

Doll, J./Orth, B. (1993): The Fishbein and Ajzen Theory of Reasoned Action Applied to Contraceptive Behavior: Model Variants and Meaningfulness. Journal of Applied Socialsychology, Vol. 23 (5), S. 395-415.

Dowling, R. (2004): Rise of the Cult Brand, in: Business Week, 09.08.2004, Fourth Annual Business Week/Interbrand Ranking of the World's Most Valuable Brands, S. 1.

Dwyer, F. /Schurr, P.H. /Oh, S. (1987): Developing Buyer-Seller Relationships, in: Journal of Marketing, Vol. 51 (April), S. 11-27.

Eagly, A. H./Chaiken, S. (1993): The Psychology of Attitudes, in: Harcourt Brace Jovanovich College Publishers, Fort Worth.

Eggert, A./Fassot, G. (2003): Zur Verwendung formativer und reflektiver Indikatoren in Strukturgleichungsmodellen: Ergebnisse einer Metaanalyse und Anwendungsempfehlungen, Schriftenreihe Marketing, Kaiserslautern.

Eckert, S. (1994): Rentabilitätssteigerungen durch Kundenbindung am Beispiel eines Buchclubs, St. Gallen.

Fazio, R.H. (1986): How Do Attitudes Guide Behavior?, in: Sorrentino, R.M./Higgins, E.T. (Hrsg.): Handbook of Motivation and Cognition: Foundations of Social Behavior, New York, S. 204-243.

Festinger, L. (1957): A Theorie of Cognitive Dissonance, Stanford.

Fishbein, M. (1967): Attitude and the Prediction of Behavior, in Fishbein, M. (Hrsg.): Readings in Attitude Theory and Measurement, New York, S. 477-493.

Fornell, C./Cha, J. (1994): Partial Least Squares, in: Bagozzi, R.P. (Hrsg.), Advanced Methods of Marketing Research, S. 52-78.

Fornell, C./Johnson, M.D./Anderson, E.W./Cha, J./Bryant, B.E. (1996): The American Customer Satisfaction Index: Nature, Purpose and Findings, in: Journal of Marketing, Vol. 60, S.7-18.

Fournier, S. (1994): A Consumer-Brand Relationship Framework for Strategic Brand Management, Ann Arbor.

Fournier, S. (1998): Consumers and Their Brands: Developing Relationship Theory in Consumer Research, in: Journal of Consumer Research, Vol. 24, S. 343-373.

Fournier, S./Yao, J.L. (1997): Reviving Brand Loyality: A Reconceptualization Within the Framework of Consumer-Brand-Relationships, in: International Journal of Research in Marketing, Vol. 14, S. 451-472.

Ganesan, S./Hess, R. (1997): Dimensions and Levels of Trust: Implications for Commitment to a Relationship, in: Marketing Letters, Vol. 8, S. 439-448.

Gehrer, M. (2005): Erster Eindruck und Vertrauen im Kaufentscheidungsprozess, Köln.

Giering, A. (2000): Der Zusammenhang zwischen Kundenzufriedenheit und Kundenloyalität, Wiesbaden.

Gierl, H. (1999): Erfolgskontrolle von Servicequalität durch Marktforschung, in: Planung & Analyse, 5/99, S. 28-32.

Gilly, M.C./Graham, L.J./Wolfinbarger, M.F./Yale, L.J. (1998): A Dyadic Study of Interpersonal Information Search, Journal of the Academy of Marketing Science, Vol. 26, S. 83-100.

Godin, G./Kok, G. (1996): The Theory of Planned Behavior: A Review of its Application to Health-related Behavior, in: American Journal of Health Promotion, Vol. 11, S. 87-98.

Grönroos, C. (1989): A Relationship Approach to Marketing, Swedish School of Economics and Business Administration, Working Paper No. 190, Helsinki.

Habermas, J. (1981): Theorie des kommunikativen Handelns, Frankfurt am Main.

Haisch, J./Frey, D. (1978): Die Theorie sozialer Vergleichsprozesse, in: Frey, D. (Hrsg.): Kognitive Theorien der Sozialpsychologie, Ber/Stuttgart/Wien, S. 75-95.

Hamann, R.B. (2000): Computernetze als verbindendes Element von Gemeinschaftsnetzen, in: Thiedeke, U. (Hrsg.), Virtuelle Gruppen – Charakteristika und Problemdimensionen, Wiesbaden, S. 221-243.

Hammann, P./Erichson, B. (2000): Marktforschung, 4. Auflage, Stuttgart.

Handy, C. (1995): Trust and the Virtual Organisation, in: Harvard Business Review, Vol. 73, S. 40-50.

Harrison-Walker, L.J. (2001), The Measurement of Word-of-Mouth and an Investigation of Service Quality and Customer Commitement as Potential Antecedents, in: Journal of Service Research, Vol. 4 (August), S. 60-75.

Helm, S. (2000): Kundenempfehlungen als Marketinginstrument, Wiesbaden.

Herkner, W. (2001): Lehrbuch Sozialpsychologie, Bern.

Herrmann, A. (1998): Produktmanagement, München.

Herrmann, A./Huber, F./Braunstein, C. (2000): Ein Erklärungsansatz der Kundenbindung unter Berücksichtigung der wahrgenommenen Handlungskontrolle, in: Die Betriebswirtschaft, Vol. 60, S. 293-313.

Hills, M. (2002): Fan Cultures, London.

Hogg, M. (1992): The Social Psychology of Group Cohesiveness: From Attraction to Social Identity, Hemel Hempstead.

Holbrook, M.B./Chaudhuri, A. (2001): The Chain of Effects from Brand Trust and Brand Affect to Brand Performance: The Role of Brand Loyality, in: Journal of Marketing, Vol. 65 (April) S. 81-93.

Holz, S. (1997): Kundenklubs als Kundenbindungsinstrument: Generelle und situationsbezogene Gestaltungsempfehlungen für ein erfolgreiches Kundenklubmarketing, St. Gallen.

Homans, G. (1961): Social Behavior; Its Elementary Form, New York.

Homburg, C. (1998): Optimierung der Kundenzufriedenheit durch Total Quality Management, in: Simon, H./Homburg, C. (Hrsg.): Kundenzufriedenheit, Wiesbaden, S. 249-260.

Homburg, C./Baumgartner, H. (1998): Beurteilung von Kausalmodellen: Bestandsaufnahmeund Anwendungsempfehlungen, in: Hildebrandt, L./Homburg, C. (Hrsg.): Die Kausalanalyse: ein Instrument der betriebswirtschaftlichen Forschung, Stuttgart, S. 15-43.

Homburg, C./ Faßnacht, M. (2001): Kundennähe, Kundenzufriedenheit und Kundenbindung bei Dienstleistungsunternehmen, in: Bruhn, M./Meffert, H. (Hrsg.), Handbuch Dienstleistungsmanagement, Wiesbaden, S. 441-463.

Homburg, C./Giering, A./Hentschel, F. (1999): Der Zusammenhang zwischen Kundenzufriedenheit und Kundenbindung. Die Betriebswirtschaft, Vol. 59, S. 174–195.

Homburg, C./Hildebrandt, L. (1998): Die Kausalanalyse: Bestandsaufnahme, Entwicklungsrichtungen, Problemfelder, in: Hildebrandt, L./Homburg, C. (Hrsg.): Die Kausalanalyse: ein Instrument der betriebswirtschaftlichen Forschung, Stuttgart, S. 15-43.

Homburg, C./Pflesser, C. (2000): Strukturgleichungsmodelle mit latenten Variablen: Kausalanalyse, in: Herrmann, A./Homburg, C. (Hrsg.), Marktforschung: Methoden, Anwendungen, Praxisbeispiele, Wiesbaden, S. 633 - 659.

Homburg, C./Rudolph, B. (1998): Theoretische Perspektiven zur Kundenzufriedenheit, in: Simon, H./Homburg, C. (Hrsg.): Kundenzufriedenheit, Wiesbaden, S. 33-55.

Howalt, K./Luck L./Utsch P. (2006): Kundenbindungsprogramme: Unverzichtbares Marketinginstrument oder Kostentreiber?, in: Absatzwirtschaft Online, http://www.absatzwirtschaft.de/psasw/fn/asw/sfn/buildpage/cn/cc_vt/artpage/1/SH/0/ID/32284/page1/PAGE_1002979/page2/PAGE_1002909/aktelem/PAGE_1003201/s/0/index.html, Zugriff: 03.02.2006, 15:46h.

Hoyle, R.H. (1995): The Structural Equation Modeling Approach: Basic Concepts and Fundamental Issues, in: Hoyle, R.H. (Hrsg.), Structural Equation Modeling: Concepts, Issues, and Applications, Thousand Oaks, S. 1-15.

http://store.apple.com/Apple/WebObjects/germanstore/, Apple Online Store, Zugriff: 22.02.2006, 11:05h.

http://www.apple.com/usergroups/campus/answers/, FAQ Apple UserGroups, Zugriff: 22.02.2006, 16:44h.

http://www.harley-davidson.com, Harley-Davidson, Inc., Zugriff: 23.02.2006, 15:23h.

http://www.heute.de/ZDFheute/inhalt/0/0,3672,2293440,00.html, ZDF: „Apple packt den Tiger in den Mac“, Zugriff: 30.01.2006, 11:03h.

http://www.mac-expo.de, MacExpo 2006, Zugriff: 21.02.2006, 17:32h.

http://www.maclife.de/index.php?module=pagesetter&func=viewpub&tid=3&pid=52, MacLife 01/2006 Community-Test, Zugriff: 02.03.2006, 14:31h.

http://www.macuser.de, MacUser-Community, Zugriff: 23.02.2006, 13:52h.

http://www.prosieben.de/club_community/, ProSieben Community, Zugriff: 22.02.2006, 19:08h.

http://www.theacsi.org/, American Customer Satisfaction Index, Zugriff: 19.02.2006, 12:00h.

Huber, F./Herrmann, A./Peter, S. (2003): Ein Ansatz zur Steuerung der Markenstärke - Grundidee, Methodik und Implikationen, in: ZfB, Vol. 79 (4), S. 345-370.

Huber, F./ Herrmann, A./ Kressmann, F./ Vollhardt, K. (2005): Zur Eignung von kovarianz- und varianzbasierten Verfahren zur Schätzung komplexer Strukturgleichungsmodelle, Wissenschaftliche Arbeitspapiere: M1, Universität Mainz.

Interbrand (2006), 2005 Reader's Choice Award, http://www.brandchannel.com/features_effect.asp?pf_id=298 Zugriff: 23.02.2006, 10:13h.

Jaccard, J.J./Davidson, A.R. (1975): A Comparison of Two Models of Social Behavior: Results of a Survey Sample, in Sociometry, Vol. 38, S. 497-517.

Jacoby, J./Chestnut, R.W. (1978): Brand Loyality Measurement and Management, NewYork.

Jacoby, J./Keyner, D.B. (1973): Brand Loyality vs. Repeat Purchasing Behavior, in: Journal of Marketing Research, Vol. 19 , S. 2-9.

Jarvenpaa, S.L./Tractinsky, N. (1999): Consumer Trust in an Internet Store: A Cross-Cultural Validation, in: Journal of Computer-Mediated Communication, Vol. 5, Nr. 2, S. 1-33.

Jarvis, C.B./MacKenzie, S.B./ Podsakoff, P.M. (2003): A Critical Review of Construct Indicators and Measurement Model Misspecifications in Marketing and Consumer Research, in: Journal of Consumer Research, Vol. 30 (September), S. 199-218.

Johnson, M.D. (2001): Kundenorientierung und Markthandlung, München.

Katz, E./Lazarsfeld, P.F. (1955): Personal Influence. The Part Played by People in the Flow of Mass Communication, Glencoe.

Katz, D.R. (1994): Just Do It: The Nike Spirit in the Corporate World, New York.

Koh, J.K./Kim, Y.G. (2003): Sense of Virtual Community: A Conceptual Framework and Empirical Validation, in: International Journal of Electronic Commerce, Vol. 8 (2), S. 75-93.

Kotler, P. (1992): Marketing's New Paradigm: What Is Really Happenig Out There?, in: Planning Review, Vol. 20 (September), S. 50-61.

Kozinets, R.V. (2001): Utopian Enterprise: Articulating the Meanings of Star Trek's Culture of Consumption, Journal of Consumer Research, Vol. 28 (June), S. 67-88.

Kroeber-Riel, W./Weinberg, P. (2003): Konsumentenverhalten, 8. Aufl., München.

Larzelere, R./Huston, T. (1980): The Dyadic Trust Scale. Toward Understanding Interpersonal Trust in Close Relationship, in: Journal Marriage and the Family, Vol. 42 (August), S. 595-604.

LaPiere, R. T. (1934): Attitudes vs. Actions, in: Social Forces, No. 13, S. 230-237.

Lau, G.T./Lee, S.H. (1999): Consumers' Trust in a Brand and the Link to Brand Loyalty, Journal of Market Focused Management, Vol 4, S. 341-370.

Lewis, D.J./Weigert, A. (1985): Trust as a Social Reality, in: Social Forces, Vol. 63, S. 967-985.

Lindström, M. (2002): Find the Passion, Part 1-3. http://www.clickz.com/experts/brand/brand/article.php/1560771, Zugriff: 16.12.2005, 13:03h.

Lohmöller, J.B. (1989): Latent Path Modeling with Partial Least Squares, Heidelberg.

Lorbeer, A. (2003): Vertrauensbildung in Kundenbeziehungen, Wiesbaden.

Luhmann, N. (2000): Vertrauen: Ein Mechanismus zur Reduktion sozialer Komplexität, Stuttgart.

MacKinnon, R.C. (1995): Searching for the Leviathan in Usenet, in Jones, S. (Hrsg.): Cybersociety, Thousand Oaks, S.112-137.

Magin, S. (2003): Markenwahlverhalten, Wiesbaden.

McAlexander, J.H., Schouten, J.W., Koenig, H.F. (2002): Building Brand Community, in: Journal of Marketing, Vol. 66 (January), S. 38-54.

McAllister, D.J. (1995): Affect- and Cognition-based Trust as Foundations for Interpersonal Cooperatiosn in Organisations, in: Academy of Management Journal, Vol. 38, S. 24-59.

McKenna, K.Y.A./Bargh J.A. (2000), “Plan 9 from Cyberspace: The Implications of the Internet for Personality and Social Psychology”, in: Personality and Social Psychology Review, Vol. 4, S. 57-75.

McMillan, D.W. (1996): Sense of Community, in: Journal of Community Psychology, Vol. 24, Nr. 4, S. 315-325.

McMillan, D.W./Chavis, D.M. (1986): Sense of Community: A Definition and Theory, American Journal of Community Psychology, Vol. 14, S. 6-23.

McWilliam, G. (2001): Online-Communities geben Marken mehr Schub, in: Harvard Businessmanager, Nr. 2/2001, S. 72-85.

Meffert, H. (1971): Modelle des Käuferverhaltens und ihr Aussagewert für das Marketing, in: Zeitschrift für die gesamte Staatswissenschaft, Bd. 127, Nr. 2, S. 327-353.

Meffert, H. (1992): Marketingforschung und Käuferverhalten, Wiesbaden.

Meffert, H./Burmann, C. (2005):Wandel in der Markenführung – vom instrumentellen zum identitätsorientierten Markenverständnis, in: Meffert, H./Burmann, C./Koers, M. (Hrsg.): Markenmanagement, Wiesbaden,
S. 19-36.

Meyer, J. (2004): Mundpropaganda im Internet: Bezugsrahmen und empirische Fundierung des Einsatzes von Virtual Communities im Internet, Hamburg.

Moormann, C./Despandé, R./ Zaltman, G. (1993): Factors Affecting Trust in Market Research Relationships, in: Journal of Marketing, Vol. 57 (January), S. 81-101.

Muniz, A./Hamer, L. (2001): Us vs. Them: Oppositional Brand Loyalty and the Cola Wars, in: Advances in Consumer Research, Vol. 28, S. 355-361.

Muniz, A./O'Guinn, T. (2001): Brand Community, in: Journal of Consumer Research, Vol. 27, S. 412-432.

Muniz, A./Schau, J.H. (2005): Religiosity in the Abandoned Apple Newton Brand Community, in: Journal of Consumer Research, Vol. 31 (March), S. 737-747.

Morgan, R.M./Hunt, S.D. (1994): The Commitment-Trust Theory of Relationship Marketing, in: Journal of Marketing, Vol. 58, S. 20-38.

Morrison, D.M. (1996): Children's Decisions About Substance Use: An Application and Extension of the Theory of Reasoned Action, in: Journal of Applied Social Psychology, Vol. 26, S. 1658-1679.

Narayandas, N. (1997): Measuring and Managing the Consequences of Consumer Loyality, An Empirical Investigation, Working Paper No. 97-017, Harvard Business School, Cambridge.

Nielsen Netratings (2006): Global Internet Index: Average Usage, December 2005, www.netratings.com, Zugriff: 31.01.2006, 09:28h

Nieschlag R./Dichtl, E./Hörschgen, H. (2002): Marketing, 19. Aufl., Berlin.

Obst, P.L./White, K.M. (2004): Revisiting the Sense of Community Index: A Confirmatory Factor Analysis, in: Journal of Community Psychology, Vol. 32, Nr. 6, S. 691-705.

Obst, P.L./White, K.M. (2005): Short Communication: An Exploration of the Interplay between Psychological Sense of Community, Social

Identification and Salience, Journal of Community and Applied Social Psychology, Vol. 15, S. 127-135.

Obst, P.L./ Zinkiewicz, L./Smith, S.G. (2002a): Sense of Community in Science Fiction Fandom, Part 1: Understanding Sense of Community in an international Community of Interest, in: Journal of Community Psychology, Vol. 30, Nr. 1, S. 87-103.

Obst, P.L./ Zinkiewicz, L./Smith, S.G. (2002b): Sense of Community in Science Fiction Fandom, Part 2: Comparing Neighborhood and Interest Group Sense of Community, in: Journal of Community Psychology, Vol. 30, Nr. 1, S. 105-117.

Obst, P.L./ Zinkiewicz, L./Smith, S.G. (2002c): An Exploration of Sense of Community, Part 3: Dimensions and Predictors of PSOC in Geographical Communities, in: Journal of Community Psychology, Vol. 30, Nr. 1, S. 119-133.

Oliver, R.L. (1999): Whence Consumer Loyalty?, in: Journal of Marketing, Vol. 63, S. 33-44.

Osgood, C.E./Suci, J./Tannenbaum, P.H. (1957): The Measurement of Meaning, Urbana.

Panten, G. (2005): Internet-Geschäftsmodell virtuelle Community: Analyse zentraler Erfolgfaktoren aus Betreiber- und Mitgliedersicht mit dem PLS-Ansatz, Wiesbaden.

Paul, C./Runte, M. (1999): Wie ziehe ich den Kunden an? Virtuelle Communities, in: Albers et al. (Hrsg.): eCommerce, Frankfurt, S.121-134.

Pavlou, P. (2003): Consumer Acceptance of Electronic Commerce: Integrating Trust and Risk with the Technology Acceptance Model, in: International Journal of Electronic Commerce, Vol. 7, Nr. 3, S. 69-103.

Peter, S.I. (1997): Kundenbindung als Marketingziel. Identifikation und Analyse zentraler Determinanten, Wiesbaden.

Reichheld, F.F. (1993): Loyality-Based Management, in: Harvard Business Review, Vol. 71 (March/April), S. 64–73.

Reichheld, F.F. (1996): The Loyality Effect. The Hidden Force behind Growth, Profits, and Lasting Value, Cambridge.

Reichheld, F.F./Sasser, E.W. (2000): Zero-Migration. Dienstleister im Sog der Qualitätsrevolution, in: Bruhn, M./Homburg, C. (Hrsg.): Handbuch Kundenbindungsmanagement, Wiesbaden, S. 137–152.

Rempel, J.K./Holmes, J.G./Zanna, M.P. (1985): Trust in Close Relationships, in: Journal of Personality and Social Psychology, Vol. 49, S.95-112.

Rheingold, H. (2000): The Virtual Community, Cambridge/London. Auch: www.rheingold.com/vc/book, Zugriff: 21.12.2005, 11:53h.

Ringle, M. (2004): Messung von Kausalmodellen, Arbeitspapier Nr. 14 des Instituts für Industriebetriebslehre und Organisation an der Universität Hamburg, Hamburg.

Rosenstiel, L.V./Neumann, P. (2002): Marktpsychologie, Darmstadt.

Sarason, S.B. (1974) : The Psychological Sense of Community: Prospects for a Community Psychology, San Francisco.

Scharitzer, D. (1994): Dienstleistungsqualität – Kundenzufriedenheit, Wien.

Schleuning, C. (1995): Dialogmarketing, Ettlingen.

Schouten, J.W./McAlexander, J.H. (1995): Subcultures of Consumption. An Ethnography of the New Bikers, in: Journal of Consumer Research, Vol. 21, S. 461-486.

Schuchard-Ficher, C. (1979): Ein Ansatz zur Messung von Nachkaufdissonanzen, Berlin.

Scott, S.G./Lane, V.R. (2000): A Stakeholder Approach to Organisational Identity, Academy of Management Review, Vol. 25, S. 43-62.

Sheepard, B.H./Hartwick, J./Warshaw, P.R. (1988): The Theory of Reasoned Action; A Meta-Analysis of Past Research with Recommandations for Modifications and Future Research, in: Journal of Consumer Research, Vol. 15, S. 325-343.

Sheeran, P./Orbell, S. (1999): Implementation Intentions and Repeated Behaviour: Augmenting the Predictive Validity of The Theory of Planned Behaviour, in: European Journal of Social Psychology, Vol. 29, S. 349-369.

Sirdeshmukh, D./Singh, J./Sobol, B. (2002): Consumer Trust, Value, and Loyalty in Relational Exchanges, Journal of Marketing, Vol. 66 (January), S. 15-37.

Sitz, L./Amine, A. (2004): Consommation et groupes de consommateurs, de la tribu postmoderne aux communautés de marque: Pour une clarification des concepts, in: Actes des 3èmes Journées Normandes de la Consommation, Rouen.

Skaeveland, S.B./Garling, T./Maeland, J.G. (1996): A Multidimensional Measure of Neighboring, in: American Journal of Community Psychology, Vol. 24, S. 413-435.

Stahlberg, D./Frey, D. (1997): Einstellungen: Struktur, Messungen und Funktionen, in: Stroebe et al. (Hrsg.): Sozialpsychologie: Eine Einführung, Berlin/Heidelberg/New York, S.219-252.

Stauss, B. (1999): Beschwerdemanagement als Instrument der Kundenbindung, in: Hinterhuber, H.H./Matzler, K. (Hrsg.): Kundenorientierte Unternehmensführung, Wiesbaden, S. 219–238.

Stauss, B./Seidel, W. (1998): Beschwerdemanagement, 2. Aufl., München/Wien.

Sundaram, D.S./Mitra, K./Webster, C. (1998): Word-of-Mouth Communications, A Motivational Analysis, in: Advances in Consumer Research, Vol. 25, S. 527-531.

Tajfel, H. (1978): Social Categorization, Social Identity and Social Comparison, in: Tajfel (Hrsg.), Differentiations between Social Groups, London, S. 61-76.

Tajfel, H./Turner, J.C. (1979): An Integrative Theory of Intergroup Conflict, in: Austin, W./Worchel, S. (Hrsg.): The Social Psychology of Intergroup Relations, Monterey, S. 33-47.

Terry, D.J./Hogg, M.A. (1996): Group Norms and the Attitude-Behavior Relationship: A Role for Group Identification, in: Personality and Social Psychology Bulletin, Vol. 22, S. 776-793.

Terry, D.J./Hogg, M.A./White, K.M. (1999): The Theory of Planned Behaviour: Selfidentity,
Social Identity and Group Norms, in: British Journal of Social Psychology, Vol. 38, S. 225-244.

Thiedeke, U. (2000): Virtuelle Gruppen. Charakteristika und Problemdiskussionen, Wiesbaden, S. 23-73.

Thorbjørnsen, H./Supphellen, M./Herbjørn, N./Pedersen, P.E. (2002): Building Brand Relationship Online: A Comparison Of Two Interactive Applications, Journal of Interactive Marketing, Vol 16 (3), S. 17-34.

Tönnis, F. (1887), Gemeinschaft und Gesellschaft, Leipzig.

Töpfer, A. (1999): Kundenzufriedenheit messen und steigern, Kriftel.

Verhoef, P.C./Franses, P.H./Hoekstra, J.C. (2000): The Effect of Relational Constructs on Relationship Performance: Does Duration Matter?, Erasmus Research Institute of Management, ERS-2000-08-MKT, S. 1-54.

Von Wangenheim, F. (2003): Der ökonomische Wert der Weiterempfehlung, Wiesbaden.

Vollmer, I. (2002): Die Loyalität unzufriedener Kunden, Wiesbaden.

Weiber, R./Meyer, J. (2002): Virtual Communities, in: Weiber, R. (Hrsg.): Handbuch Electronic Business, Trier, S. 343-361.

Weinberger, M.G./Dillon, W.R. (1980): The Effects of Unfavorable Product Rating Information, in: Oslen, J.C. (Hrsg.): Advances in Consumer Research, Vol. 8, S.528-532.

Wicker, A. W. (1969); Attitudes versus Actions: The relationship of Verbal and Overt Behavioral Responses to Attitude Objects, in: Journal of Social Issues, Vol. 25, S. 41-78.

Wieswede, G. (1972): Soziologie des Verbraucherverhaltens, Stuttgart.

Wipperfürth, A. (2005): Brand Hijack: Marketing Without Marketing, San Francisco.

Wold, H. (1980): Model Construction and Evaluation when Theoretical Knowledge is Scare: Theory and Application of Partial Least Squares, in: Kmenta, J./Ramsey, J. B. (Hrsg.): Evaluation of econometric models, New York, S. 47 ff.

W3B (2005): 20. WWW-Benutzer-Analyse W3B, 4. April bis 9. Mai 2005, www.w3b.org, Zugriff: 30.01.2006, 14:47h.

MARKETING

Herausgegeben von Prof. Dr. Heribert Gierl, Augsburg, Prof. Dr. Roland Helm, Jena, Prof. Dr. Frank Huber, Mainz, und Prof. Dr. Henrik Sattler, Hamburg

Band 40
Thomas Hegenbart
Kundenverhalten bei Nichtverfügbarkeit von Artikeln im Einzelhandel
Lohmar – Köln 2009 • 252 S. • € 57,- (D) • ISBN 978-3-89936-787-4

Band 41
Oliver Mauroner
Vermarktung von Innovationen durch Spin-offs – Empirische Analyse von Unternehmensgründungen aus der öffentlichen Forschung
Lohmar – Köln 2009 • 336 S. • € 63,- (D) • ISBN 978-3-89936-797-3

Band 42
Frank Huber, Frederik Meyer, Johannes Vogel und Julia Zimmermann
Co-Branding als Konzept zur Stärkung von Marken – Eine empirische Analyse im Konsumgütermarkt
Lohmar – Köln 2009 • 208 S. • € 49,- (D) • ISBN 978-3-89936-798-0

Band 43
Frank Huber, Johannes Vogel, Isabel Matthes und Sören Köcher
Der paralysierte Konsument – Eine empirische Studie zur Unentschlossenheit bei der Wahl von Mobilfunktarifen
Lohmar – Köln 2009 • 148 S. • € 43,- (D) • ISBN 978-3-89936-829-1

Band 44
Frank Huber, Frederik Meyer und Corinna Nachtigall
Guerilla-Marketing als kreative Werbeform – Eine empirische Analyse am Beispiel der Marke MINI
Lohmar – Köln 2009 • 148 S. • € 43,- (D) • ISBN 978-3-89936-837-6

Band 45
Frank Huber, Stefanie Regier und Patrick Kissel
Kunden zu Fans machen – Markenloyalität in virtuellen Brand Communities
Lohmar – Köln 2009 • 176 S. • € 48,- (D) • ISBN 978-3-89936-852-9

JOSEF EUL VERLAG